Vue.js
超详细入门与项目实战
微课视频版

李永亮 王梦盛 陶国荣 著

清华大学出版社

北京

内 容 简 介

本书采用理论知识与案例实战相结合的方式,由浅入深地介绍使用 Vue 3 开发页面的全过程。本书共 19 章,第 1~11 章是知识点的介绍,分别介绍前端框架发展、Vue 脚手架功能、Vue 数据绑定、元素事件绑定、元素动画实现、组件定义、组件传参、路由实现、接口调用、pinia 状态管理和 Vant UI 的知识;第 12~19 章是案例实战,结合一个商城开发的过程,分别介绍项目开发前准备、项目路由配置、商城首页开发、商品分类页开发、商城动态页开发、商品详细页开发、购物车开发、个人中心页开发的内容,书中的每个知识点都有对应的源码分析部分,说明每一行关键代码的实现思路。

本书既适合初学 Vue 3 的读者自学,也适合各类想自己动手开发 Web 应用程序的自学者使用。同时,也可作为各类培训学校实例讲解的参考用书。

图书在版编目(CIP)数据

Vue.js 超详细入门与项目实战:微课视频版/李永亮,王梦盛,陶国荣著.—北京:清华大学出版社,2024.4

(移动互联网开发技术丛书)

ISBN 978-7-302-65715-6

Ⅰ.①V… Ⅱ.①李… ②王… ③陶… Ⅲ.①网页制作工具—程序设计 Ⅳ.①TP393.092.2

中国国家版本馆 CIP 数据核字(2024)第 051680 号

责任编辑:陈景辉 薛 阳
封面设计:刘 键
责任校对:韩天竹
责任印制:刘 菲

出版发行:清华大学出版社
    网　　址:https://www.tup.com.cn,https://www.wqxuetang.com
    地　　址:北京清华大学学研大厦 A 座　　邮　　编:100084
    社 总 机:010-83470000　　邮　　购:010-62786544
    投稿与读者服务:010-62776969,c-service@tup.tsinghua.edu.cn
    质量反馈:010-62772015,zhiliang@tup.tsinghua.edu.cn
    课件下载:https://www.tup.com.cn,010-83470236
印 装 者:三河市科茂嘉荣印务有限公司
经　销:全国新华书店
开　本:185mm×260mm　印　张:16.5　字　数:405 千字
版　次:2024 年 6 月第 1 版　印　次:2024 年 6 月第 1 次印刷
印　数:1~1500
定　价:69.90 元

产品编号:090669-01

前言

FOREWORD

"工欲善其事,必先利其器",作为一名多年从事 Web 开发的工作者,对每一次新技术的发布与应用都充满了渴望与期待,渴望它能超越旧俗,引领未来方向;期待它能承上启下,解决现存疑难。近年来,虽有不少的新技术或框架发布,但都很难在 Web 开发这块有所建树,直到 Vue 的诞生。

Vue 发布于 2014 年,在后续的版本升级中,广大的开发者被其渐进式框架、增量式开发、专注视图层、虚拟 DOM 操作所折服,而恰在那年,也深深吸引了编者的眼光,从此深入其中。

之所以有如此多的人钟爱 Vue,与其强大的功能是分不开的。目前是一个大前端时代,许多功能由前端技术实现,并且更注重用户使用体验与开发效率和性能,而 Vue 恰恰是实现这一趋势的坚实利刃,并且可以在最大程度上满足各类环境下开发 Web 页面的需求。

虽然 Vue 功能强大、使用简单,但它毕竟是一门新的前端框架,特别是升级到 Vue 3 之后,与其他前端框架在功能和语法上存在诸多差异,需要相应的书籍进行技术上的引导与支持。为了让每个爱好 Vue 的开发者都能快速掌握最新、最全的技术,编者在清华大学出版社的支持下编写了这本书。

本书主要内容

本书共分为两大部分,共 19 章,其中,第 1～6 章由李永亮编写,其他章节由陶国荣编写。

第一部分 Vue 3 基础语法与应用,包括第 1～11 章。第 1 章前端框架发展,包括什么是前端技术、为什么要学习前端技术、如何学好前端技术、前后端分离概念和单页应用的不足和优化。第 2 章 Vue 脚手架功能,包括脚手架核心功能、安装脚手架过程和常用脚手架指令。第 3 章 Vue 数据绑定,包括 Vue 中数据绑定原理、单向数据绑定、双向数据绑定和数据绑定方法。第 4 章元素事件绑定,包括事件定义、事件绑定方式和事件传参。第 5 章元素动画实现,包括过渡动画、自定义动画和第三方动画库和列表动画。第 6 章组件定义,包括什么是组件、组件使用、组件属性和组件事件。第 7 章组件传参,包括父组件向子组件传参、子组件向父组件传参、组件之间传参和 slot 传参。第 8 章路由实现,包括路由介绍、路由传参和路由其他配置。第 9 章接口调用,包括接口介绍、全局配置和数据缓存。第 10 章 pinia 状态管理,包括 pinia 介绍、State、Getters、Actions 和其他扩展插件。第 11 章 Vant UI,包括 Vant 介绍、Vant 基础组件、Vant 表单组件和 Vant 业务组件。

第二部分案例实战,包括第 12~19 章。第 12 章项目开发前准备,包括功能设计、项目开发和打包与发布。第 13 章项目路由配置,包括创建路由文件和配置路由对象。第 14 章商城首页开发,包括轮播和推荐商品、热点商品列表和底部导航条制作。第 15 章商品分类页开发,包括分类页查询功能、分类左侧导航和分类右侧列表。第 16 章商城动态页开发,包括动态列表页功能、列表详情页功能和点赞与收藏功能。第 17 章商品详细页开发,包括大图滚动功能、弹框说明功能、信息切换功能和加入购物车功能。第 18 章购物车开发,包括购物车列表显示功能、自动计算总价功能、增减购物车商品功能和删除购物车商品功能。第 19 章个人中心页开发,包括我的订单功能、我的收藏功能、管理收货地址和生成订单功能。

本书特色

本书内容由浅入深,逐步推进,详细、完整地介绍了 Vue 3 的新功能与新特征,以及它在项目中实践的过程。同时,章节之间有一定的关联,建议读者按章节的编排,逐章阅读。

学以致用,本书从实用的角度出发,以示例为主线,贯穿知识点讲解,从而实现带动与引导读者的阅读兴趣的目的,并且每个示意图都精心编排,扼要说明。

注重实践,本书通过一个完整的商城案例开发的过程,详细地介绍了 Vue 3 在真实项目开发中的应用步骤,每一步都结合实际开发的需求,实现功能、分析源码。

配套资源

为便于教与学,本书配有微课视频、源代码、教学大纲、教学课件。

(1) 获取微课视频方式:用手机版微信 App 扫描本书封底的文泉云盘防盗码,授权后再扫描书中相应的视频二维码,观看教学视频。

(2) 获取源代码和全书网址方式:用手机版微信 App 扫描本书封底的文泉云盘防盗码,授权后再扫描下方二维码,即可获取。

源代码

全书网址

(3) 其他配套资源可以扫描本书封底的"书圈"二维码,关注后回复本书书号,即可下载。

读者对象

本书面向 Web 开发者、全国高等学校师生及广大相关领域的计算机爱好者,无论是从事前端开发还是后台代码编写的人员,都可以使用本书。

致谢

希望这部耗时一年、积累编者数年心得与技术感悟的拙著,能给每位读者带来思路上的启发与技术上的提升。同时,也非常希望能借本书出版时机与国内热衷于前端技术的开发者进行交流。

本书由陶国荣、熊振敏、刘义、李建洲、李静、裴星如、李建勤、陶红英、陈建平、孙文华、孙义、陶林英、闵慎华、孙芳、赵刚共同完成了本书的编写、素材整理及配套资源制作等工作。

由于作者水平和能力有限,本书难免有疏漏之处。恳请各位同仁和广大读者给予批评指正。

编　者

2024 年 3 月

CONTENTS

第 ❰1❱ 章

前端框架发展

视频讲解

本章学习目标
- 理解前端技术的发展和学习目的。
- 掌握学习前端技术的方法。
- 理解前后端分离的概念和优化方式。

1.1 什么是前端技术

前端技术又称前端开发技术,简称前端开发,它是 Web 2.0 时代的产物,也是浏览器发展的必需技术,用户在浏览器中查看页面,必须依赖这项技术,完成数据的展示和用户的交互,前端技术随浏览器的发展一起推进,概括来说,它经历了下列两个阶段。

1.1.1 Web 技术 1.0 时代

早在 20 世纪 90 年代中后期,伴随着互联网的兴起,需要借助浏览器展示数据,页面便成为浏览器最好的数据载体。浏览器通过页面将数据呈现给客户,而此时的页面仅仅是数据展示的一个形式,不能进行任何的交互,这种页面称为“静态页”。

在 Web 技术 1.0 时代,由于静态页的诞生,解决了用户通过网络浏览数据的问题,但用户只能浏览图片和文字,不能跟服务器进行数据交互;页面开发者也仅是完成一个页面的设计和制作功能,面对众多的技术壁垒,市场在渴望下一时代的来临。

1.1.2 Web 技术 2.0 时代

在 Web 技术 2.0 中,用户不仅可以浏览数据信息,还能直接参与信息的制作,即可以直接向服务器提供数据源。这一时代的互联网应用分工更细,特点更明显,最重要的就是数据共享、信息聚合和资源开放,是由“静态页”向“动态页”的转变。

针对这样的特点,页面开发者不再局限于制作一些“静态页”,而是需要深度的用户参与和数据交互,这对于页面开发者来说,也提出了更高的要求,需要学习更多的技术才能胜任这项工作,而这些专门用于页面开发的技术称为前端技术。

在理解了前端技术诞生的背景和定义之后,接下来讲一下,为什么要学习前端技术和它所包含的具体内容有哪些。

1.2 为什么要学习前端技术

面向 Web 技术 2.0 时代,企业需要更多了解互联网、懂技术开发的人才进入,而在这些人才当中,前端技术无疑是必须要学习和掌握的,原因有下列几点。

1.2.1 代表 Web 开发方向

页面是互联网发展的产物,是数据展示的载体,是接触用户的最前端物体。随着用户对页面浏览体验的要求越来越高,开发一个高效、优质的页面就显得越发紧迫,而想要开发这样的页面,必须使用 HTML 5 技术,通过它来完成一个优质页面的实现。

HTML 5 是前端技术的核心,它代表了 Web 开发的方向,无论是基于移动端的应用,还是驻足在 PC 端的页面,都是基于该技术打造的框架和平台,因此,从技术需要的角度,如果想要推进公司互联端的产品,就必须要学好和掌握前端技术。

1.2.2 岗位需求缺口大

在互联网行业中,需要很多的技术岗位,但由于 Web 技术 2.0 时代的到来,对前端开发技术人才的岗位需求一直都是与日俱增。同时,前端技术开发,相比其他技术而言,也是较容易进入互联网行业的岗位,因此,很多互联网爱好者,想从事这个行业的开发工作,前端技术是较容易理解并能够快速掌握的内容。

相对于其他技术而言,前端技术是比较容易理解和掌握的,但它的所学内容多而杂,技术更新非常快,如果没有一种好的学习方法和态度,也非常容易被淘汰和掉队,那么,前端所学习的内容有哪些呢? 总体而言,如图 1-1 所示。

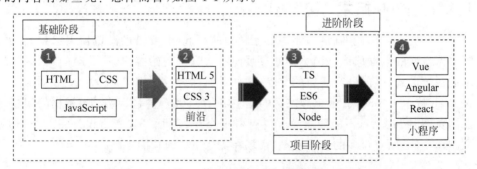

图 1-1　前端开发所学内容

从图 1-1 中不难看出,现在的前端技术已远不是页面制作的时代,它更多的是框架的学习,服务端语言的掌握,前沿知识技巧的理解,这也就是常说的“大前端”时代。因此,作为一个前端技术开发人员,时刻保持一种对新技术的饥渴状态,勇于和擅于打破现有的技术格局,才是使自己不被淘汰的根本。

知道了所学习的内容,接下来,再来详细说下如何才能学好这些内容。

1.3 如何学好前端技术

相比而言,前端技术比服务端技术要容易理解和掌握,但想将所学的技术准确地运用到实战中,却是一件不容易的事。通俗地讲,技术都会,就是不知道如何运用到具体的实战中,这就要求在学习的过程中,一定要结合案例,使用理论与实战相结合的方式来进行,步骤如下。

1.3.1 打牢理论根基

这里所说的理论根基是指前端技术需要开发语言的支撑,理论就是指语言的语法,与所有开发技术相同,前端的开发必须要掌握对应的语法。主流的前端技术语法包含 HTML 5、JavaScript、CSS 3 这三种核心语言。要学好前端技术,必须打牢这三种语言的根基。

1. HTML 5

HTML 即超文本标记语言,是制作网页的标准语言,但它又不是编程语言,而是一种描述性的标记语言,通过标记规定页面在浏览器中呈现的效果。

HTML 5 是标记语言最新的版本,新增加了许多元素和属性,侧重移动端页面的开发,并且绝大部分前端开发必须按照 HTML 5 的标准进行,因此,它代表着目前 Web 页面开发的主流方向,这是前端开发人员必须要掌握的内容之一,如图 1-2 所示。

2. JavaScript

与 HTML 5 不同,JavaScript 是一种编程语言,是嵌入页面的编程语言,用于控制页面的动作、动态效果

图 1-2 HTML 5 是前端开发核心

和人机交互功能,是对页面功能的增强,由浏览器在编译时,解析并执行相应的代码,也是前端开发人员必须要掌握的语言之一,如图 1-3 所示。

3. CSS 3

CSS 即层叠样式表,用于控制页面布局和外观,它不是编程语言,而是一种样式表,结合 HTML 5 标记,可以制作精美的页面。

CSS 3 是样式表的一个更新版本,它与之前的版本相比,增加了更多的动画、3D 样式,同时,更加侧重于移动端的页面制作。由于目前用户非常注重页面的使用体验,因此,样式的掌握就显得更为重要,它也是前端开发人员必须要掌握的内容之一,如图 1-4 所示。

图 1-3 JavaScript 是前端语言核心

图 1-4 CSS 3 是前端样式表

1.3.2　掌握前沿技术

前沿技术,是一种动态的技术体系,即当下更多的大公司从事前端开发时,会使用什么技术,国内外专业从事前端开发的人员会关注什么技术,这些技术知识,即称为前沿技术。总而言之,就是当下名企与行业内使用和关注的前端技术。

前沿技术是动态的、变化的,每年可能都会不一样,因此,要时刻关注和注意行业内的技术动态。从目前前端技术的发展来看,必须要掌握的前沿技术包含下面几个方向。

1. 框架开发前端项目

在开发项目过程中,为了使用户有更好的操作体验,越来越多的功能前置到前端开发来

完成,因此,前端的代码功能和逻辑越来越复杂,为了更好地管理这些前端的代码,使用框架成为一个必然的选择。

前端的框架非常多,但目前主流的包括 Vue.js、Angular.js、React.js,借助这些框架,可以很快地搭建和开发前端的项目,节省了开发人员的大量时间,提升了开发的效率。在这三个框架中,Vue.js 又是前端开发人员必须要掌握的重点框架,如图 1-5 所示。

图 1-5　Vue.js 是重点
前端框架

2. ES6 成为主流开发语言

因为大量的前端项目采用框架进行开发,因此,框架的学习

就显得十分重要,而目前主流的框架为了更加发挥 JavaScript 的功能,都使用 ES6 作为开发语言,因此,想要学习好各个框架的使用,就必须先掌握 ES6 语言的用法,如图 1-6 所示。

3. Node 开发日渐重要

简单来讲,Node 是一个可以在浏览器中运行 JavaScript 代码的工具,利用该工具,无须嵌入页面中执行,就可以单独执行某个 JavaScript 代码编写的 .js 文件。由于它是基于 JavaScript 的语法,又可以通过依赖的工具库开发许多服务端语言才能实现的功能,因此,学习 Node 在前端开发中也越来越重要,如图 1-7 所示。

图 1-6　ES6 是前端框架开发语言

图 1-7　Node 是重要前端学习工具

1.3.3　结合案例实战

俗话说"光说不练是假把式",理念固然重要,但如果掌握的全是理论和前沿知识,而没有任何运用和实战的过程,也不能学好前端技术。准确来讲,理论知识的学习注重一个"全"

字,相关的内容都需要了解并掌握;实战运用注重一个"精"字,要有选择性地做一些案例,而不是什么案例都做。具体来说,做案例应从以下几个方向考虑。

1. 多做功能单一不重复的应用

开发人员在学习的前期,由于不是很熟悉知识点的应用,需要多做案例来巩固对知识点的理解,但案例不能功能相同,应尽量是不重复的功能应用,如页面布局、动画效果、后台功能、业务逻辑、移动端应用开发等案例。

2. 多做流行新颖的企业级应用

前期功能单一案例的开发,可以帮助开发人员更好地理解如何将某个知识点运用到实际开发中,但开发人员最终的任务还是开发企业级的应用,因此,要有意识地寻找和设计一些流行和新颖的企业级应用,边做边理解,如基于框架的移动端店商应用、后台人员信息管理、各企业级的门户网站等案例。

3. 多总结安全开发心得

无论是开发功能单一应用,还是完整的企业级案例,在每一次开发过程中,一定要及时总结开发心得,形成文档或者公用模块库,前期可能是少量,但随着应用和案例越来越多,最终形成的内容也会更多,而这些内容都将成为技术进步的宝贵阶梯。

1.4　前后端分离概念

在当今的前端项目开发过程中,离不开服务端的支持,并且通常采用前后端分离的方式进行,即由服务端提供数据源,前端获取数据源,实现页面展示。那么,什么是前后端分离?它是如何诞生的? 如何实现前后端分离?接下来分别进行详细介绍。

1.4.1　诞生背景

在互联网早期,页面展示的内容全部由后端进行控制,一切以后端为中心,页面展示的内容全部来源于数据库,通过服务端语言,如 Java、C♯ 等,编写功能代码,获取数据库中的数据信息,并以页面的形式响应浏览器的请求,浏览器解析返回的请求数据,完成页面数据的展示过程,具体流程如图 1-8 所示。

图 1-8　服务端直接开发页面显示数据流程

1.4.2　诞生原因

由服务端控制一切页面显示数据的方式持续了很多年,直到移动互联网时代的到来,这种局面才被打破,因为服务端无法像控制页面一样,控制移动端的应用布局和数据显示,而对于移动端而言,服务端仅提供数据源就可以,因此,服务端需要专门针对移动端提供相应的数据接口,具体流程如图 1-9 所示。

图 1-9　服务端为移动端应用提供接口流程

1.4.3　解决方案

由于移动互联网的诞生,服务端需要开发和维护多套功能相似的数据接口,这种方式既不利于项目推进的效率,也不利于代码的后续维护,急切需要进行改变;改变的方向是,服务端仅保留一套数据接口,页面、移动端和其他终端应用全部归纳为内容输出端,页面内容、逻辑和数据均由前端负责处理,这种方案的流程如图 1-10 所示。

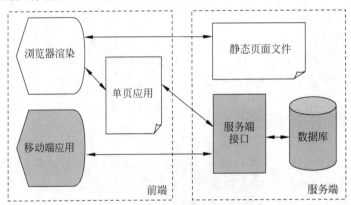

图 1-10　前后端分离后的接口流程

1.4.4　重点说明

在图 1-10 中,单页应用是指使用各种前端框架开发的页面应用,该应用只有一个地址,通过路由配置完成页面间的跳转,因此,称为单页应用。它可以嵌入移动端应用中,也可以单独在任意的终端浏览器中执行,它是前端项目的主流呈现形式。

另外,在图 1-10 中,服务端的静态页面文件是指纯 HTML 格式的文件和其他的静态资源,这些文件没有太多的用户交互,大部分由服务端批量按模板生成,如新闻详细页等,浏览器可以直接请求这些文件,无须调用服务端接口。

最后,在图 1-10 中,服务端只提供了一套接口,所有的内容输出应用,包括单页应用和移动端应用,都通过这套接口完成数据的交互,因此,对于服务端开发人员来说,有助于提升项目开发的速度,有利于提高代码的后期维护,从而提升开发效率。

1.5　单页应用的不足和优化

虽然目前大部分的前端项目在设计时都会采用前后端分离的方式,但如果仅仅是一种结构上的简单分离,并不能体现太多的技术优势,尤其是分离后的前端代码量更多,复杂度更大。单页应用也面临诸多不足,如何实现在结构分离后前端应用结构的最优化,是目前每个前端开发人员都必须要思考的问题,下面从几方面进行详细分析。

1.5.1 单页应用的不足

前后端分离后的前端单页应用,由于框架结构和分离的原因,存在下面几个问题。

1. 首屏加载时间过长

由于是单页应用,因此,在首屏加载时,需要初始化许多数据,同时完成依赖框架的加载,还需要完成一些配置,因此,导致首屏加载的速度非常慢。

2. 处理嵌套请求效果不好

嵌套请求是指第二次请求的数据依赖于第一次请求时的返回值,而第三次请求的数据则依赖于第二次请求成功的返回值,以此类推。如果这样的请求层级数非常多,并且经常刷新页面,那么,前端的单页应用将会出现卡顿和崩溃的现象。

3. 需要后端介入逻辑层处理

在前后端分离的结构下,服务端只负责提供原始的数据。如果这些数据需要进行逻辑处理,如按某种类型排序,那么就需要后端开发人员介入;否则,如果在前端处理数据逻辑,将会影响前端应用开发的速度。

1.5.2 中间层的使用

种种现象表明,只将应用的开发从结构上分为前端和服务端是远远不够的。要使这种分离后的结构,在开发和性能上达到最优状态,还需要进一步进行优化。许多大企业和公司也实施一些方式,而通过使用中间层是人们公认的优化方案。

1. 中间层的作用

中间层在许多公司中又称为"中间件""中途岛"等,本质上是一个部署在服务端的项目缓冲区,它的作用是:一头衔接服务端,另一头衔接前端,具有中间桥梁的作用,可以帮助服务端介入逻辑层,也可以优化前端数据请求的处理,游走于两端之前,处理两端中不擅长的事宜,用于加速项目开发并提升开发的效率。

2. 带中间层的前后端分离流程

中间层还可以根据前端的项目执行环境不同,分为多个中间层,如 PC 端、平板端、客户端等。中间层是作为服务端的一个补充,因此,通常被布置在服务端与服务端属于同一个局域网环境下,方便它们与服务端的相互访问,变更后的流程如图 1-11 所示。

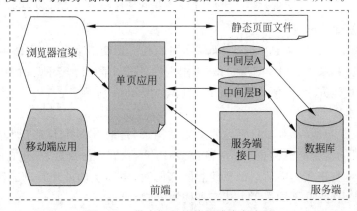

图 1-11　带中间层的前后端分离流程

1.5.3　应用结构优化

在前后端分离的结构中,使用了中间层后,可以进一步优化前端单页应用的结构,更好地解决单页应用中面临的问题,优化方案如下。

1. 中间层向页面推送数据

单页应用中的数据通常是通过访问数据接口后返回给前端页的,这种方式在数据量小、请求数据少时,没有问题;如果一个页面的数据请求非常多,这种方式就不适合,可以借助中间层部署 Node 环境,编写请求代码,向应用推送数据,页面接收后,完成数据的加载,流程如图 1-12 所示。

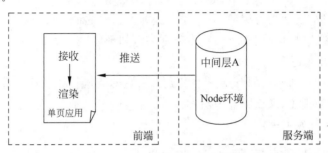

图 1-12　中间层向页面推送数据

2. 中间层处理嵌套请求

当单页应用处理嵌套请求时,可以借助中间层,优化数据请求的流程,可以将全部的请求交付给中间层,由中间层访问数据库,单页应用仅接收中间层返回的数据,无须访问数据库,从而减轻服务端的压力,优化请求速度,流程如图 1-13 所示。

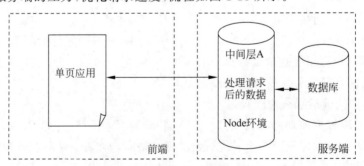

图 1-13　中间层处理嵌套请求

3. 中间层处理数据逻辑

当前端输出的方式越来越多时,中间层也可以相应地变成多个,分别由各自的中间层处理对应类型的前端,如 PC 端中间层、H5 端中间层、平板中间层。这种多个中间层分开的方式,有助于减少代码冗余,方便代码的维护,流程如图 1-14 所示。

4. 注意事项

前后端分离是目前 Web 项目开发的主流结构,结构的分离并不等于性能的优化,分离的目的是使项目的流程和结构更加科学和高效,因此,只有在分离后,优化它的业务流程,如添加中间层,才是真正实践前后端分离的意图。同时,中间层的处理是动态和多样的,可以多种方式交织在一起,并不拘泥于上述三种使用方式。

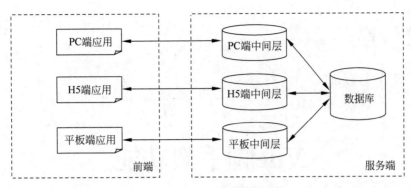

图 1-14   中间层处理数据逻辑

小结

本章首先从什么是前端技术讲起,介绍前端技术的发展过程和学习目的,在理解前端学习的重要性后,再进一步介绍学好前端技术的方法,最后介绍前端开发过程中的前后端分离概念和优化方式,为第 2 章的学习打下坚实的理论基础。

第 ❰2❱ 章

Vue脚手架功能

视频讲解

本章学习目标
- 理解和掌握最新版本 Vue CLI 的功能。
- 掌握 Vue CLI 的安装方式和常用指令。
- 掌握 Vue CLI 编译和发布的方式。

2.1 脚手架核心功能

"脚手架"是一种形象通俗的说法,是指帮助搭建工程的一种工具。这种工具通过终端指令的方式完成,英文全称是 Command-Line Interface(CLI)。每种前端框架通常都自带一种工具,因此,Vue 框架对应的工具就是 Vue CLI。

Vue CLI 是一个基于 Vue.js 快速开发的系统,新版的 Vue CLI 由@vue/cli 模块实现交互式的项目开发,通过 @vue/cli-service-global 模块实现零配置原型开发,运行时依赖@vue/cli-service 模块实现更新、升级和扩展功能,它包含下列几个核心功能。

1. CLI 包

CLI 由@vue/cli 模块提供支持,它是一个全局性的安装包,安装后包含所有的终端项目操作指令,如 vue create 表示创建一个项目实例;vue serve 表示启动并执行构建好的项目实例;vue ui 表示通过图形化管理项目操作界面等。

2. CLI 服务

与 CLI 包不同,CLI 服务由@vue/cli-service 模块提供支持,安装在每个由 CLI 指令创建好的项目中,因此,它也是项目开发环境的一个依赖包。该服务的功能是,提供优化好的 webpack 配置,加载 CLI 插件需要的核心服务。

3. CLI 插件

CLI 插件也是项目的一个重要组成部分,它的主要功能是安装 Vue 项目中可选项的依赖包,如编译转换、语法检测和单元测试等,当这些可选项模块被选中后,便统一形成一个可安装的 CLI 插件名称,如@vue/cli-plugin-模块名称,自动添加至 package.json 文件中。添加完成后,当项目内部执行 vue-cli-service 指令时,便会自动解析并加载 package.json 中已包含的全部 CLI 插件依赖包,并运用到项目中。

2.2 安装脚手架过程

安装 Vue CLI 脚手架的过程非常简单，只需要在终端通过指令完成，但为了顺利安装成功，如果有旧版本的 Vue CLI，需要先进行卸载，并且计算机中的 Node.js 版本必须更新至 v8.9 以上，推荐使用 v10 及以上版本。

2.2.1 安装 Vue CLI

安装 Vue CLI 之前，必须先安装最新版本的 Node.js，推荐 v10 以上的版本。可以进入 Node.js 官网（详见前言二维码），根据计算机环境，下载相应的安装包文件，安装成功后，再打开"命令提示符"窗口，输入"node -v"指令，检测安装是否成功，如图 2-1 所示。

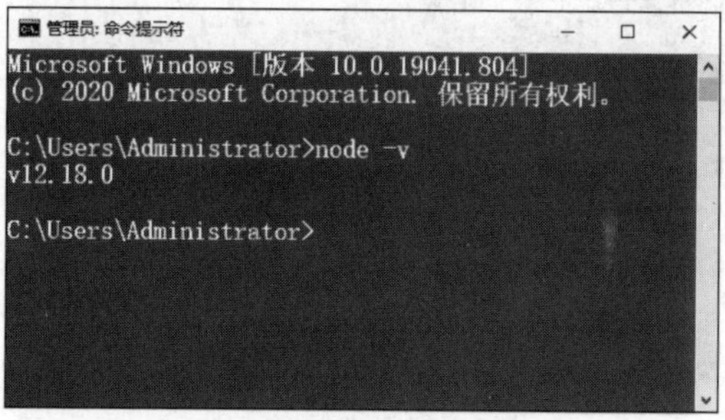

图 2-1 查看 Node.js 版本

笔者计算机中 Node.js 显示的版本是 v12.18.0，符合 v10 以上的需求。接下来，为了加速后续模块安装的网络请求速度，需要安装淘宝镜像。安装方法非常简单，只需在命令提示符终端输入下列指令，即可完成，如图 2-2 所示。

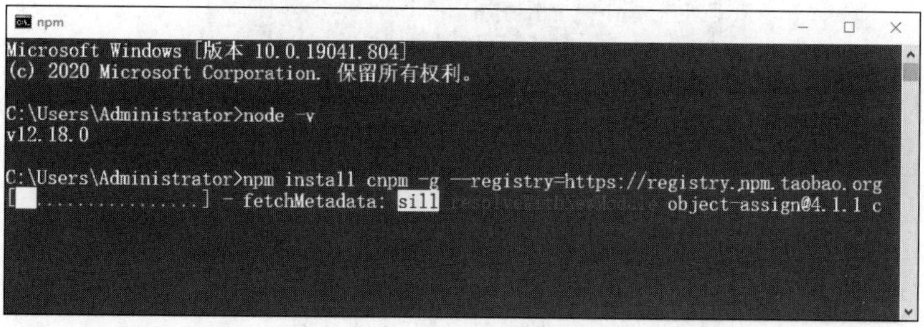

图 2-2 安装淘宝镜像

在上述安装过程中，实质上也是一个修改原有镜像地址的过程。安装包工具 npm 默认地址（详见前言二维码），由于该网站在国外下载速度非常慢，便重新注册为淘宝的地址（详见前言二维码），用于加速网络请求，注册成功后，通过输入"cnpm -v"指令查看新注册镜像的版本号，如图 2-3 所示。

当淘宝镜像注册成功后，如果计算机中存在旧版本的 Vue CLI 工具，如 1.X 或 2.X 版本，则先要通过 cnpm uninstall vue-cli -g 卸载，然后再正常安装。如果没有安装旧版本，则可以通过 cnpm install -g @vue/cli 指令正常安装，安装过程如图 2-4 所示。

在执行 cnpm install -g @vue/cli 指令后，将下载最新版本的安装包和模块，并进行相

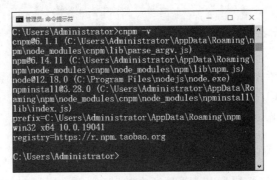

图 2-3   查看淘宝镜像版本

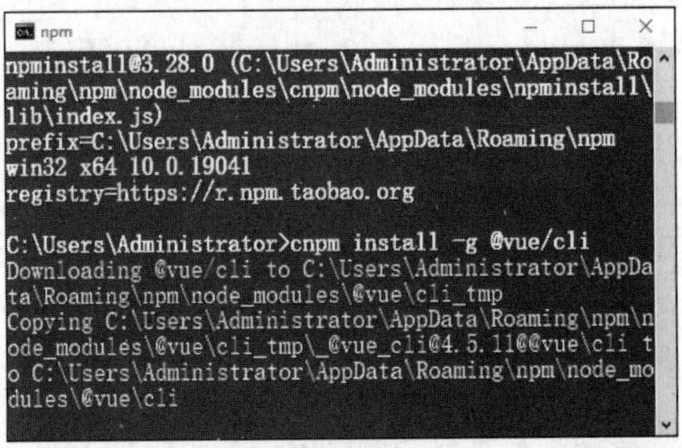

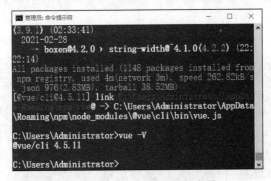

图 2-4   使用淘宝镜像安装 Vue CLI

应安装,而这些操作需要一些时间。最终安装完成后,如果想检测是否安装成功,可以输入"vue -V"指令检测,如果正常显示版本号,则安装成功,效果如图 2-5 所示。

图 2-5   显示 Vue CLI 的版本号

当 Vue CLI 安装成功后,就可以通过该工具构建 Vue 项目。需要说明的是,本书的项目是基于 Vue CLI 4.5.11 版本实现的,而这个版本并不是指 Vue 的版本。Vue 的版本是在通过 Vue CLI 构建项目后,在 package.json 文件中的依赖环境包中查看,本书是基于 Vue 3.0 以上版本进行开发的。

2.2.2   常用 Vue CLI 指令

当 Vue CLI 安装成功后,就可以通过指令完成对它的操作,新版本的@vue/cli 相比于低版本的 vuc/cli 1.X 或 2.X 版本的指令更加简单,但功能却更强大,可以输入"vue -h"指令进行查看，显示的效果如图 2-6 所示。

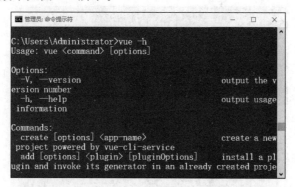

图 2-6　Vue CLI 中常用指令

在这些常用的指令中，create 指令用于创建一个新的基于 Vue CLI 的项目，add 指令用于向已创建的项目中加入插件，serve 指令用于在浏览器下以开发者模式启动配置完成的项目，build 指令则用于在浏览器下以生产模块编译配置完成的项目。

2.3　使用脚手架创建项目

Vue 脚手架安装成功后，则可以利用脚手架工具创建、调试和发布项目，为后续的项目开发带来极大的方便，创建好的项目无须任何配置，将自动生成对应的目录结构，下载相应的依赖模块，开发者只需要在终端通过指令执行就可以。

2.3.1　创建第一个简单项目

接下来，通过已安装的 Vue CLI 工具，在命令提示符窗口通过指令的方式创建一个简单的项目，并分析项目结构，修改部分代码，完成项目的执行。

1. 使用指令创建项目

打开命令提示符窗口，在光标闪烁处输入下列指令：

```
vue create shop
```

再按回车键，则会通过 Vue CLI 工具自动创建一个名称为 shop 的项目，详细的效果如图 2-7～图 2-9 所示。

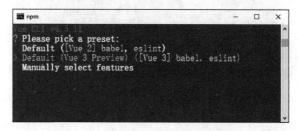

图 2-7　创建项目时选择 Vue 3 模板

需要说明的是：当项目创建完成，提示进入项目文件夹中，并使用 npm run serve 启动项目时，为了使项目依赖的包文件顺利下载，必须将 Vue CLI 的安装包地址重新注册为淘

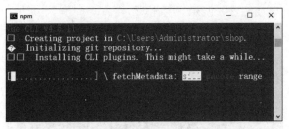

图 2-8　正在加载模板中需要使用的包文件

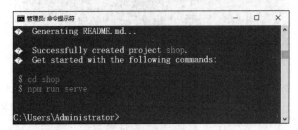

图 2-9　项目创建完成

宝的地址(详见前言二维码),以加速文件的下载过程。

2. 执行项目

项目创建后,先进入项目文件夹中,再在命令提示符窗口中输入指令启动该项目,详细的效果如图 2-10 所示。

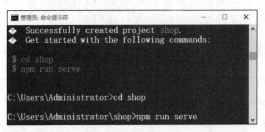

图 2-10　进入项目文件夹启动项目

项目启动后,根据项目的配置,自动编译项目启动过程中需要加载的文件内容,当编译完成后,则显示如图 2-11 所示的效果。

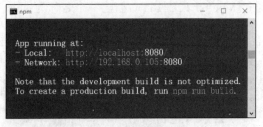

图 2-11　项目编译后的界面

根据图 2-11,打开浏览器,并在地址栏中输入"http://localhost:8080",则可以在浏览器中查看创建好的项目效果,如图 2-12 所示。

3. 分析项目结构

项目创建完成,可以在浏览器中执行查看它的效果。接下来分析该项目的结构,使用项

图 2-12 浏览器执行项目效果

目开发工具——Visual Studio 打开创建好的项目文件夹 shop。Visual Studio 是微软推出的用于开发前端项目的编辑器，轻巧、简洁、高效，推荐使用，可以在其官网下载最新版本，官网地址（详见前言二维码），根据计算机类型，选择下载。

使用 Visual Studio 打开项目文件夹 shop 后，它的结构相对于 Vue 2 之前的版本来说，更加简单，包含三个重要的文件夹，如图 2-13 所示。

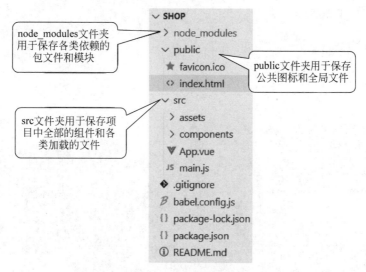

图 2-13 项目目录结构

在项目文件夹中，src 是最重要的一个文件夹，是程序开发人员的主战场，所有的项目功能都在该文件夹中，它又自动分为 assets 和 components 文件夹，前者保存项目中所需要的静态资源，后者则保存项目开发过程中的各类组件文件。

另外，在 src 文件夹中，App.vue 是一个根组件，而 main.js 是一个入口文件，当页面启动时，将在入口文件中加载组件，并将该组件挂载到 index.html 页面的元素中，从而在浏览默认页面 index.html 时，可以查看到挂载组件的效果。

最后，打包项目文件夹中的 package.json 文件，它是项目描述文件，在文件中可以查看到各类依赖模块和包文件的版本,完整的内容如代码清单 2-1 所示。

代码清单 2-1　package.json 代码

```
{
  "name": "shop",
  "version": "0.1.0",
  "private": true,
  "scripts": {
    "serve": "vue-cli-service serve",
    "build": "vue-cli-service build",
    "lint": "vue-cli-service lint"
  },
  "dependencies": {
    "core-js": "^3.6.5",
    "vue": "^3.0.0"
  },
  "devDependencies": {
    "@vue/cli-plugin-babel": "~4.5.0",
    "@vue/cli-plugin-eslint": "~4.5.0",
    "@vue/cli-service": "~4.5.0",
    "@vue/compiler-sfc": "^3.0.0",
    "babel-eslint": "^10.1.0",
    "eslint": "^6.7.2",
    "eslint-plugin-vue": "^7.0.0-0"
  },
  "eslintConfig": {
    "root": true,
    "env": {
      "node": true
    },
    "extends": [
      "plugin:vue/vue3-essential",
      "eslint:recommended"
    ],
    "parserOptions": {
      "parser": "babel-eslint"
    },
    "rules": {}
  },
  "browserslist": [
    "> 1%",
    "last 2 versions",
    "not dead"
  ]
}
```

package.json 是一个配置文件,文件中的代码是一个 JSON 格式的对象,通过对象中的属性名称说明它的功能,如"dependencies"属性名,用于表示项目在生产环境时的依赖项,在依赖项中,明确表明新创建的项目需要 Vue 3 以上的版本支持。

2.3.2 修改组件代码

在项目中,默认生成的代码可以进行任意修改,接下来通过一个简单的实例演示,加深读者对文件和代码结构的理解能力。

实例 2-1 居中显示"欢迎来到 Vue 3 的世界"字样

1. 功能描述

当项目在浏览器中执行时,不再显示原有的默认效果,而是在页面居中位置显示"欢迎来到 Vue 3 的世界"字样。

2. 实现代码

在项目的 components 文件夹中,找到并打开默认创建的 HelloWorld.vue 文件,修改的代码如代码清单 2-2 所示。

代码清单 2-2 HelloWorld.vue 代码

```
< template >
    < div >{{ msg }}</div >
</template >

< script >
export default {
  name: 'HelloWorld',
  props: {
    msg: String
  }
}
</script >

< style scoped >

</style >
```

HelloWorld.vue 文件内容的修改只是对源组件代码的改变,由于输出内容的变化,还需要对调用该组件的根组件 App.vue 文件的内容进行调整。在 src 目录下,选中并打开根组件 App.vue,修改的代码如下。

```
< template >
  < img alt = "Vue logo" src = "./assets/logo.png">
  < HelloWorld msg = "欢迎来到 Vue 3 的世界"/>
</template >

< script >
import HelloWorld from './components/HelloWorld.vue'

export default {
  name: 'App',
  components: {
    HelloWorld
```

```
    }
  }
</script>

<style>
#app {
  font-family: Avenir, Helvetica, Arial, sans-serif;
  -webkit-font-smoothing: antialiased;
  -moz-osx-font-smoothing: grayscale;
  text-align: center;
  color: #2c3e50;
  margin-top: 60px;
}
</style>
```

3. 页面效果

保存代码后,页面在 Chrome 浏览器下执行的效果如图 2-14 所示。

图 2-14　代码修改后的页面效果

4. 源码分析

与 Vue 2 相比,Vue 3 的代码更加简洁,并且始终围绕组件这个核心展开代码的编写。一个 vue 文件就是一款组件,HelloWorld.vue 就是一个简单的组件,它由模板、逻辑和样式三部分组成。在逻辑中,定义一个名称为"msg"的字符型属性,并在模板中使用双大括号语法,绑定该属性传入的值。

而在根组件 App.vue 文件中,首先使用 import 方法导入 HelloWorld.vue 组件,然后在 components 对象中声明组件的名称,最后在模板中以标签名的方式,直接使用该组件。由于 HelloWorld 组件定义了"msg"属性,因此,在使用组件时,可以通过该属性向组件的模板中传入相应的属性值,用于显示对应的文字内容。

此外,在 Vue 3 中,模板中的元素不再需要一个根元素包裹,可以多个元素并行显示,这种方式极大地方便了样式的布局,并减少了代码的冗余,效果如下。

(1) Vue 2 模板的布局格式为

```
<template>
  <div>
```

```
        < div > 123 </div >
        < div > 456 </div >
      </div >
  </template >
```

（2）Vue 3 模板的布局格式为

```
  < template >
      < div > 123 </div >
      < div > 456 </div >
  </template >
```

2.3.3　项目发布

创建项目的最终目标是为了发布项目,即将项目部署到服务器上,通过外网访问这些编译后的项目页面,最终实现项目发布的功能;使用 Vue CLI 4 相比之前的版本而言,更加简洁,只要简单的两个步骤就可以完成项目的发布。

1. 修改编译后公共资源文件路径

使用 Vue CLI 创建项目后,就已经为开发者完成了大部分的配置工具,但局部的自定义内容需要进入加载的模块中进行修改。为了在项目编译后可以直接在浏览器中运行页面,需要修改编译时的路径值"publicPath"。

Vue CLI 在项目编译时,需要依赖 vue-cli-service 模块,因此,在打开的项目中,先找到并打开 node_modules 文件夹。在该文件夹下,再找到并打开 @vue 文件夹。在该文件夹下,找到并打开 vue-cli-service 模块文件夹。在该文件夹下,找到并打开 lib 文件夹。在 lib 文件夹中,打开 options.js 文件。完整的路径和功能如图 2-15 所示。

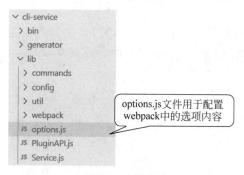

图 2-15　options. js 文件的路径和功能

找到并打开 options. js 文件后,在文件代码中,将原来内容中 publicPath 属性的值由"/"修改为". /",即在原来反斜杠前添加一个点,表示由原来的根目录修改为当前目录,因为编译后的根目录下没有相应的文件,导致出现找不到文件的错误。

2. 使用指令完成项目编译

完成公共资源路径修改后,则可以在命令提示符窗口中,进入项目文件夹中,输出项目编译的指令 npm run build,则 Vue CLI 调用 vue-cli-service 模块完成项目编译的过程,详细效果如图 2-16 所示。

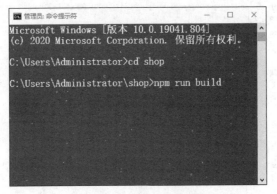

图 2-16   执行项目编译指令

完成项目编译后,将显示项目编译后的文件目录和文件名称。通常来说,编译后的文件全部放置在 dist 文件夹中,因此,开发人员可以将该文件下的全部文件,部署到服务器上,则完成了项目发布的过程,效果如图 2-17 所示。

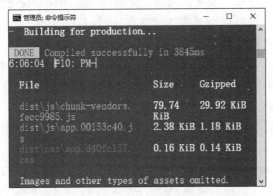

图 2-17   项目编译后说明

当项目编译成功后,会在项目文件夹中自动创建一个名称为"dist"的文件夹。打开该文件夹,找到并选中编译后生成的 index.html 页面文件,单击右键,选择"在浏览器中查看",则最终执行页面的效果如图 2-18 所示。

图 2-18   浏览器中执行编译后的页面

dist 文件夹中编译后的页面可以放置在任意的服务器中，都可以正常浏览，从而最终实现了项目的发布。

小结

本章先从什么是 Vue CLI 讲起，然后介绍最新版本的 Vue CLI 安装步骤和常用指令，接下来通过实战的方式演示使用 Vue CLI 创建项目、修改源码的过程，最后介绍如何使用 Vue CLI 完成项目的编译和发布过程。

第‹3›章

视频讲解

Vue数据绑定

本章学习目标
- 理解和掌握 Vue 中数据绑定原理。
- 理解单向和双向数据绑定工作过程和原理。
- 掌握绑定文本和指令绑定数据的方法。

3.1　Vue 中数据绑定原理

Vue 中最大的一个特征就是数据的双向绑定,而这种双向绑定的形式,一方面表现在元数据与衍生数据之间的响应,另一方面表现在元数据与视图之间的响应,而这些响应的实现方式,依赖的是数据链,因此,要了解数据绑定的原理,先要理解下面两方面内容。

3.1.1　Vue 中的数据链

数据链是一种数据关联的形式,在这种形式中,一或多个起始数据点,称为元数据,

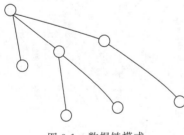

图 3-1　数据链模式

而由这些元数据因某种关系衍生出的数据,称为衍生数据,元数据与衍生数据通过数据结点交织在一起,形成数据结构网,而这种结构网,称为数据链,如图 3-1 所示。

在 Vue 中,当数据链中的元数据变化时,与其关联的衍生数据,通过数据链完成同步更新,实现数据双向绑定的效果。在 Vue 实例化对象中,computed 选项值可以为开发人员生成衍生对象,当元数据变化时,生成的衍生对象将会同步更新。

实例 3-1　使用衍生数据显示"张三,你好!"

1. 功能描述

新建一个名称为 SayHello 的 vue 组件,在返回的数据对象中,添加一项名称为"name"的属性,初始值为"张三"。同时,在 computed 配置选项中,添加一个名为"sayHelloName"的函数,在函数中返回"张三,你好!",并在页面中执行该函数。

2. 实现代码

在项目的 components 文件夹中,新建一个名称为"ch3"的子文件夹,在这个子文件夹中添加一个名为"SayHello"的 .vue 文件,在文件中加入如代码清单 3-1 所示的代码。

代码清单 3-1　SayHello. vue 代码

```
< template >
  < div >
    < div >{{ name }}</div >
    < div >{{ sayHelloName }}</div >
  </div >
</template >
< script >
export default {
  data( ) {
    return {
      name: "李四",
    };
  },
  computed: {
    sayHelloName() {
      return this.name + ",你好!";
    }
  },
};
</script >
< style scoped >
div {
  margin: 10px;
  text - align: left;
}
</style >
```

SayHello 文件是一个独立的 vue 组件,需要将它导入根组件 App. vue 中,并声明该组件,最后在模板中以标签形式使用该组件。因此,App. vue 文件修改后的代码,如代码清单 3-2 所示。

代码清单 3-2　App. vue 代码

```
< template >
  < SayHello />
</template >

< script >
import SayHello from "./components/ch3/SayHello.vue";

export default {
  name: "App",
  components: {
    SayHello
  }
};
```

```
</script>

<style>
...省略样式代码
</style>
```

3. 页面效果

保存代码后,页面在 Chrome 浏览器下执行的效果如图 3-2 所示。

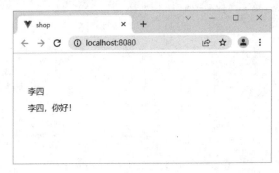

图 3-2　使用数据链输出内容

4. 源码分析

在 Vue 实例化配置对象中,computed 选项可以生成衍生数据,生成过程由函数来完成,该函数不接收参数,在函数体中,由于 this 指向实例化的 Vue 对象,因此,它可以访问所有实例化对象中挂载的属性值,如 this.name,表示元数据值。

此外,computed 选项中的函数,虽然可以访问实例化对象中挂载的全部属性值,但它在函数中必须使用 return 语句,返回计算或衍生后的数据,通过这种形式,才可以在模板中使用双大括号方式执行函数,接收并显示返回的数据。

因此,示例中的 sayHelloName()函数中,先获取元数据 name 值,并添加",你好!"形成一个衍生数据,并作为函数的返回值;当在模板中调用该函数时,则直接将接收到的衍生数据显示在页面中,由于是衍生数据,当元数变化时,将会通过数据链形式同步衍生数据,因此,衍生数据也会同步更新。即修改 name 值为"李四"时,页面将直接显示"李四,你好!"的字样。

3.1.2　数据绑定视图

一般而言,一个对象是由多个 key/value 键值对组成的无序集合,并且对象中的每个属性值可以是任意类型的,向对象添加属性值时,可以是字面量或构建函数,如以下代码。

```
var obj = new Object;          //等价于 obj = {}
obj.name = "张三";             //添加描述
obj.say = function(){};        //添加行为
```

除上述方式之外,还可以使用 Object.defineProperty()方法定义新属性或修改原有的属性值。在设置和获取属性时,可以使用 setter 和 getter 方法,前者用于设置对象的属性值,后者用于获取对象的属性值,如以下代码。

```
var obj = {};
var initValue = 'hello';
Object.defineProperty(obj, "name2", {
    get: function () {
            //函数在获取值时触发
            return initValue;
    },
    set: function (value) {
            //函数在设置值时触发,新值通过参数 value 获取
            initValue = value;
    }
});
//获取初始值
console.log(obj.name2);          //输出"hello"
//设置新值
obj.name2 = '李四';
//输出设置的值
console.log(obj.name2);          //输出"李四"
```

对象中的 setter 和 getter 方法不需要成对出现,根据需求可以单独添加。由于它们都是方法,因此,可以在执行方法过程中执行其他的功能,例如,在修改属性值时,重置页面中显示属性值的元素内容,实现数据同步绑定视图内容的效果,实例如下。

实例 3-2 数据同步绑定视图内容

1. 功能描述

在新建的页面中添加一个文本输入框元素,并添加一个 div 元素,当在文本框中输入内容时,div 元素中同步显示文本框中输入的内容。

2. 实现代码

在项目 components 文件夹的 ch3 子文件夹中,添加一个名为"dataView"的 .html 文件,在文件中加入如代码清单 3-3 所示的代码。

代码清单 3-3 dataView.html 代码

```html
<!DOCTYPE html>
<html lang = "en">

<head>
    <meta charset = "UTF-8">
    <meta http-equiv = "X-UA-Compatible" content = "IE=edge">
    <meta name = "viewport" content = "width=device-width, initial-scale=1.0">
    <title>同步视图绑定的数据</title>
</head>

<body>
    <input type = "text" id = "txt">
    <div id = "tip">...</div>
    <script>
        let txt = document.getElementById("txt");
        let tip = document.getElementById("tip");
```

```
        let obj = {
            name: ""
        }
        let temp = {}
        let propName = "name";
        Object.defineProperty(obj, propName, {
            set(v) {
                tip.innerHTML = v;
                temp[propName] = v;
            },
            get() {
                return temp[propName];
            }
        })
        txt.addEventListener("keyup", function () {
            obj[propName] = this.value;
        })
    </script>
</body>

</html>
```

3. 页面效果

保存代码后,页面在 Chrome 浏览器下执行的效果如图 3-3 所示。

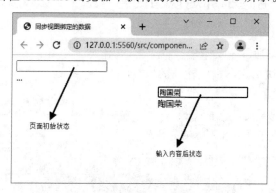

图 3-3   数据同步绑定视图内容

4. 源码分析

在本实例的页面源码中,首先使用对象的 defineProperty()方法获取和重置 obj 对象的 name 属性值;其次,在重置方法中,不仅修改了对象属性值,还将该属性值赋给 div 元素;最后,当文本框执行绑定的 keyup 事件时,需要重置对象的 name 属性,因此,触发了对象属性变更的 setter 函数,在重置属性值时,将属性值同步显示在元素的内容中,这个过程实质上也是 Vue 中数据与视图绑定的原理。

在 Vue 中,当把 JavaScript 对象传给 Vue 实例的 data 选项时,Vue 将遍历这个对象的全部属性,并使用 Object.defineProperty 将其全部转换为 getter/setter 变更形式,并在组件渲染时,记录属性与视图的依赖关系。根据这种依赖关系,当 setter 函数再次被调用时,会通知 watcher 重新计算并更新其关联的所有组件,最终实现数据双向同步的功能。

3.2　单向数据绑定

Vue 是一个典型的 MVVM 框架,那么,什么是 MVVM 框架?它与 MVC 框架相比,有了哪些改变?单向数据绑定在这个框架中是如何体现的?带着这些问题,进入接下来的内容学习。

3.2.1　MVC 框架演变过程

严格来说,MVC 框架是一种设计思想,早期的前端技术 MVC 结构来源于后端语言,如 Java、C♯语言,这些语言具有完整和成熟的 MVC 框架体系。随着前端处理业务的逻辑越来越复杂,便借鉴后端语言这种 MVC 框架体系,形成前端技术特有的 MVC 框架。

它的结构与后端语言的 MVC 一样,由 Model、View、Controller 三部分组成,它们各司其职,Model 简称 M,即数据模型层,用于定义数据结构和存储数据源;View 简称 V,即视图层,用于展示数据界面和响应页面交互;Controller 简称 C,即控制层,用于监听数据变化并处理页面交互逻辑,它们三者的关系如图 3-4 所示。

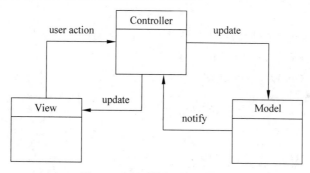

图 3-4　MVC 数据流向示意图

但随着业务逻辑越来越复杂,Controller 层代码量也越来越多,显得冗余而无序,维护起来非常困难。这时,需要从 Controller 层抽离出数据和逻辑处理部分,由专门的一个对象进行管理和维护,而这个对象,就是 ViewModel。

通过抽离出 ViewModel 对象,逻辑层的结构更加清晰,ViewModel 负责处理视图和数据逻辑关系,并双向绑定 View 和 Model,使 ViewModel 对象更像一座桥梁,用于衔接 View 层和 Model 层两端,它们的关系如图 3-5 所示。

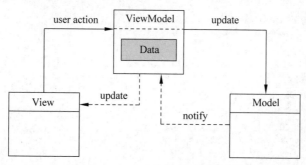

图 3-5　MVVM 数据流向示意图

在图 3-5 中不难看出,原来 Controller 层需要处理所有的数据交互和业务逻辑,而改成 ViewModel 层后,只需要处理针对 View 层的数据交互和业务逻辑,并且这种处理后的绑定是双向的,这样就使 View 和 Model 层的数据同步是完全自动的,用户无须手动操作 DOM,只须关注业务逻辑。

3.2.2 单向绑定

在 MVVM 框架下,Vue 的数据绑定都是双向的,但也能实现单向的数据绑定。所谓"单向"是针对"双向"而言的,也就是一个方向,即从数据源获取数据,到视图层中显示数据一个方向,在显示时并不会改变源数据,这种单向绑定的方式常用于绑定视图层中元素固定显示的内容、元素属性中,实例如下。

实例 3-3 数据单向绑定

1. 功能描述

在新建的组件中,添加一个 div 和 span 元素,并使用单向数据绑定的方式,显示 span 元素的内容和控制元素的类别样式。

2. 实现代码

在项目 components 文件夹的 ch3 子文件夹中,添加一个名为"OneWay"的.vue 文件,在文件中加入如代码清单 3-4 所示的代码。

代码清单 3-4　OneWay.vue 代码

```
<template>
  <div>
    <div>
      姓名:<span v-bind:class="fs">{{ name }}</span>
    </div>
  </div>
</template>
<script>
export default {
  data() {
    return {
      name: "李小明",
      fs: "fs",
    };
  },
};
</script>
<style scoped>
.fs {
  font-size: 26px;
  color: red;
}
div {
  margin: 10px;
  text-align: left;
```

```
    }
    </style>
```

3．页面效果

保存代码后，页面在 Chrome 浏览器下执行的效果如图 3-6 所示。

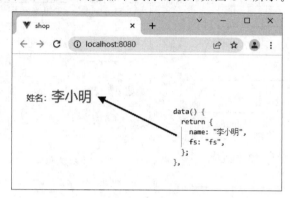

图 3-6　数据单向绑定

4．源码分析

在组件的实例化的配置对象中，先分别定义了"name"和"fs"对象属性，作为视图层绑定的数据源，然后在视图中通过 v-bind 指令绑定元素的 class 属性值，使用双大括号绑定元素显示的内容，这种绑定的方式就是单向的数据绑定。最后，当数据源发生变更后，视图层将自动同步变更后的数据。

3.3　双向数据绑定

在 Vue 的 MVVM 框架下，既可以实现单向数据绑定，也能完成数据的双向绑定。所谓的"双向绑定"，可以简单理解为数据源变化后，绑定的视图发生相应变化；绑定视图的数据变化后，数据源也会发生同步的变化，这就是"双向绑定"。

简单的理解只是说明了它的数据状态，还需要进一步了解它背后的工作原理。要实现数据的双向绑定，需要添加三个核心的对象，分别是 Observer、Watcher 和 Complie。Observer（观察者）对象，用于收集所有需要绑定的对象属性。Watcher（订阅者）对象，用于接收对象属性的变化并处理变化后的逻辑。Complie（指令解析器）对象，用于初始化元素与对象属性数据的结构并构建属性变化后的逻辑。

在 Observer 和 Watcher 对象进行关联时，由于 Watcher 对象是订阅者，当 Observer 对象属性有变化时，就会自动告诉 Watcher 对象是否要同步更新，但因为类似于 Watcher 对象的订阅者有多个，便添加了一个 Dep（消息订阅器）来进行集中管理，由 Dep 来批量向 Watcher 对象传递是否要同步更新的指令。最后，它们之间的结构如图 3-7 所示。

在上述示意图中，当对象属性在视图中发生变化时，将通过 Dep 通知 Watcher 对象，Watcher 对象将根据 Complie 构建的规则，执行更新函数，最后将数据同步更新到视图元素中，从而实现数据双向绑定的效果。

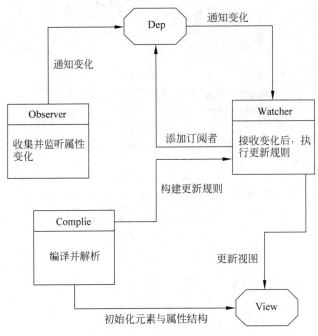

图 3-7　数据双向绑定工作原理示意图

3.3.1　指令 v-model

在 Vue 中,v-model 指令常用于表单的各元素中,它可以实现数据的双向绑定效果,即指令中元素的值绑定数据源,数据源变化后,元素的值也会跟随变化;同时,元素的值发生变化,绑定的数据源也会同步变化的值,实现双向同步数据的效果。

虽然这个指令有这么强大的功能,但它本质上是一个"语法糖",双向绑定数据的背后,实际上是元素值和 oninput 事件共同被绑定后的结果,下面通过一个实例来说明。

实例 3-4　数据双向绑定

1. 功能描述

在实例 3-3 基础之上,再添加两个 input 元素,第一个直接使用 v-mode 指令绑定属性 name 的值,第二个先使用 v-bind 指令绑定元素的值,再绑定元素的 input 事件,在事件中,将获取的输入值赋值给 name 属性。

2. 实现代码

在项目 components 文件夹的 ch3 子文件夹中,添加一个名为"TwoWay"的.vue 文件,在文件中加入如代码清单 3-5 所示的代码。

代码清单 3-5　TwoWay.vue 代码

```
<template>
  <div>
    <div>指令绑定输入: <input type = "text"
      v - model = "name" /></div>
    <div>
```

```
        事件绑定输入: < input
            type = "text"
            v - bind:value = "name"
            @ input = "name = $ event. target. value"
        />
    </div>
    < div >
        姓名: < span v - bind:class = "fs">{{ name }}</span>
    </div>
    </div >
</template >
< script >
//代码与实例 3 - 3 相同
</script >
< style scoped >
//样式与实例 3 - 3 相同
</style>
```

3. 页面效果

保存代码后,页面在 Chrome 浏览器下执行的效果如图 3-8 所示。

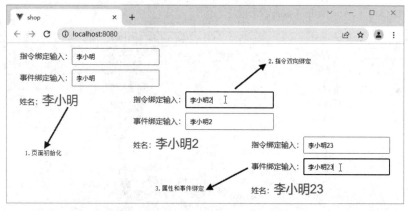

图 3-8 数据双向绑定

4. 源码分析

在上述实例的模板代码中,首先使用 v-model 方式将元素值与属性值进行绑定,当元素值发生变化后,被绑定的属性值同步变化。然后,使用 v-bind 方式将元素值与属性值绑定,再在元素的 input 事件中,将变化后的元素值再赋值给属性值。最后发现这两种方式的效果是一致的,说明它们的功能是相同的。

由此而见,v-model 指令方式实现数据的双向绑定,也依赖于监控,只不过这种监控并不是事件,而是 Watcher 对象,当被绑定订阅者的属性发生变化时,Watcher 对象就会获知,并根据 Complie 制定的更新规则,将源数据同步更新为变化后的属性值,并同时更新视图层,最终实现数据的双向绑定效果。

3.3.2 v-model 与修饰符

当表单中的元素与 v-model 指令绑定时,还可以通过“.”语法的方式添加修饰符,如

lazy、number 和 trim。lazy 用于延迟元素值与属性值更新的时机，input 事件中默认是同步更新，使用 lazy 修饰符后，数据更新的时机为 change 事件之后。

number 用于将更新的元素值转成数字型，这个修饰符非常有用，因为即使将元素的 type 类型设置为 number，获取的字符仍然是字符，因此，借助这个修饰符，可以将获取到的输入值快速转成 number 类型。

trim 用于删除元素值的首尾空格，使字符长度就是字符的内容。接下来通过一个实例来演示这三个修饰符的使用方法。

实例 3-5　model 与修饰符

1. 功能描述

新建一个组件，在模板元素中添加三个文本输入框并使用 v-model 指令绑定一个属性值。在这三个指令中，分别使用 lazy、number 和 trim 修饰符来描述 v-model 指令绑定的属性值，当元素值变化时，分别查看属性值的效果。

2. 实现代码

在项目 components 文件夹的 ch3 子文件夹中，添加一个名为"Modifier"的.vue 文件，在文件中加入如代码清单 3-6 所示的代码。

代码清单 3-6　Modifier.vue 代码

```
<template>
  <div>
    <div>
      lazy 修饰符: <input type = "text"
    v-model.lazy = "name" />{{ name }}</div>
    <div>
      number 修饰符: <input type = "text"
    v-model.number = "name" />{{ name + 1 }}
    </div>
    <div>
      trim 修饰符: <input type = "text"
    v-model.trim = "name" />{{ name.length }}
    </div>
  </div>
</template>
<script>
export default {
  data() {
    return {
      name: "123",
    };
  },
};
</script>
<style scoped>
div {
  margin: 10px;
  text-align: left;
}
```

```
input {
    padding: 8px;
    margin - right: 5px;
}
</style>
```

3. 页面效果

保存代码后,页面在 Chrome 浏览器下执行的效果如图 3-9 所示。

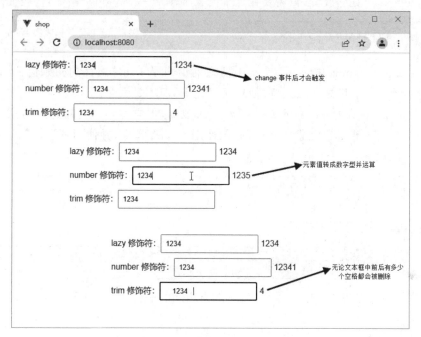

图 3-9　数据双向绑定

4. 源码分析

在本实例的模板中,当在第一行的文本框中输入一个数字 1234 时,由于添加了 lazy 修饰符,使文本框后的显示值,在 change 事件触发后才会同步更新。

当在第二行的文本框中输入一个数字 1234 时,由于添加了 number 修饰符,使输入框中的值自动转成数值,并与 1 相加,因此,文本框后的显示值为 1235。

当在第三行的文本框中输入一个数字 1234 时,虽然在文本框的前后位置都增加了空格,但由于使用了 trim 修饰符,使输入框中的值自动删除前后的空格,因此,文本框后的字符长度一直显示为 4。

3.4　数据绑定方法

在 Vue 中,数据绑定最常用的方法就是使用 Mustache 语法,这种语法的标签就是双大括号,因此又被称为双大括号插值语法。在这种语法下,双大括号标签将会被替换为绑定的属性值,并且,当属性值发生变化后,插值处的内容也会同步进行更新。

3.4.1 文本插值

文本插值是指使用 Mustache 语法绑定元素中显示的内容,如下。

```
<div>{{name}}</div>
```

使用这种方式插值后,如果 name 值发生了改变,那么,插值处元素的内容也会随之改变。当然,也可以不让它改变,只需要在这个元素上添加一个 v-once 指令,代码如下。

```
<div  v-once>{{name}}</div>
```

向元素添加了 v-once 指令后,元素中插入的值只是 name 属性的初始值,当该属性值变化后,插值处并不会随之改变,这种使用场景也有,但不是太多。

虽然 Mustache 语法可以向元素的内容插入数据,但它并不能使用这种方式向元素的属性插入数据,如果想绑定元素的属性,必须使用 v-bind 指令,并使用冒号“:”,指定绑定属性的名称,代码如下。

```
<div v-bind:class = "red">{{name}}</div>
```

上述代码也等价于下列代码。

```
<div :class = "red">{{name}}</div>
```

上述两行代码在浏览器中编译后,最终都为相同的一行代码,如下。

```
<div class = "red" data-v-160690f0 = "">123</div>
```

需要说明的是,无论是 name 还是 red 属性,它们都是在 data()函数中定义好的对象属性名称,编译后,绑定的是这个属性名称对应的值。上述两行相同代码中,name 属性名对应的值是 123,red 属性名对应的值是“red”,因此,才会显示上述编译后的相同代码。

3.4.2 JavaScript 表达式和 HTML 插值

Mustache 语法不仅可以向元素内容插入文本字符,同时,还可以在语法中插入简单的 JavaScript 表达式,如算术运算、三元运算和简单的函数调用,但只能执行单个表达式,不能执行语句。此外,通过向元素添加 v-html 指令,还可以向元素中插入 HTML 格式内容,接下来通过一个实例来详细说明它们的使用方法。

实例 3-6 JavaScript 表达式和 HTML 插值

1. 功能描述

新建一个组件,添加一个复选框和两个 div 元素,当选中复选框时,显示“插入 HTML 格式”,同时,div 元素中内容以 HTML 格式显示;当取消选中时,显示“插入文本格式”,同时,div 元素中内容以文本格式显示。

2. 实现代码

在项目 components 文件夹的 ch3 子文件夹中,添加一个名为"BindHtml"的.vue 文件,在文件中加入如代码清单 3-7 所示的代码。

代码清单 3-7 BindHtml.vue 代码

```
<template>
  <div>
    <div>
      <input type = "checkbox" v-model = "blnHtml" />
      插入{{ blnHtml ? "HTML" : "文本" }}格式
    </div>
    <div v-show = "!blnHtml">{{ HTML }}</div>
    <div v-show = "blnHtml" v-html = "HTML"></div>
  </div>
</template>
<script>
export default {
  data() {
    return {
      blnHtml: true,
      HTML: "<span style = 'font-weight:700'>你好,小明!</span>",
    };
  },
};
</script>
<style scoped>
div {
  margin: 10px;
  text-align: left;
}
</style>
```

3. 页面效果

保存代码后,页面在 Chrome 浏览器下执行的效果如图 3-10 所示。

图 3-10 JavaScript 表达式和 HTML 插值

4. 源码分析

在本实例的模板中,复选框使用 v-model 绑定的属性 blnHtml 是一个布尔值,既用于控制复选框元素的选中状态,又参与了不同内容显示的三元运算。同时,还作为 v-show 指令绑定的属性值。该指令是一个用于控制元素是否显示和隐藏的指令,当该指令的属性值为 true 时,则元素显示,否则元素隐藏。

由于 v-html 指令用于控制元素的内容是否以 HTML 格式显示,且只能作用于元素的属性中,因此,通过再向元素添加一个 v-show 指令绑定 blnHtml 的属性值,实现 HTML 格式与文本格式切换显示的效果。

小结

本章先从数据链和数据绑定视图讲起,详细介绍了视图中数据绑定元素的工作原理,然后介绍单向和双向数据绑定的实现方式,并介绍修饰符的功能以及在绑定过程中添加修饰符的方法,最后详细说明如何在视图中插入文本和 HTML 格式的数据。

第 ❹ 章

元素事件绑定

本章学习目标
- 理解和掌握 Vue 中数据绑定原理。
- 理解单向和双向数据绑定工作过程和原理。
- 掌握绑定文本和指令绑定数据的方法。

4.1 事件定义

在 Vue 中,当一个元素通过使用 v-on 或语法糖@指令绑定某个事件后,则完成了事件被定义的过程,在这个定义的过程中,指令的后面是定义事件的名称,等号的后面是事件被触发后执行的函数。当然,也可以在事件名称的后面使用"."语法,添加事件的修饰符,如 stop、prevent 等,接下来分析事件定义后底层执行的流程。

事件定义的过程,实质是事件被元素绑定的过程,Vue 在这个过程的底层做了什么?首先是编译模板生成渲染内容,然后将渲染内容生成虚拟结点,再由虚拟结点生成真实的 DOM 结点,生成 DOM 结点后,最后通过 addEventListener()方法,将对应事件绑定到元素中,其实现的流程如图 4-1 所示。

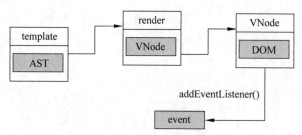

图 4-1　Vue 中事件绑定元素底层流程

从上述流程示意图中可以看出,Vue 中元素绑定事件的过程其实与页面中元素使用 addEventListener()方法绑定事件是一致的。

4.2 事件绑定方式

在 Vue 中,元素事件绑定的方式依赖于指令 v-on 或@,一旦完成事件绑定后,当被绑定的事件触发时,将会自动执行事件对应的函数,即执行事件的处理方法。

4.2.1 指令 v-on 或@

指令 v-on 专门用于元素事件的绑定,添加时通过":"将指令与事件名称隔开,冒号右侧为需要绑定的事件名称;@是指令绑定事件的一种简写方式,也是一种语法糖写法。由于书写简单,大部分的开发人员都使用这种方式绑定元素的事件。

实例 4-1 指令绑定事件

1. 功能描述

在页面中,添加两个按钮和一个 div 元素,分别使用不同的指令绑定两个按钮的单击事件,当单击某个按钮时,div 元素中将显示变量累加后的值。

2. 实现代码

在项目 components 文件夹的 ch4 子文件夹中,添加一个名为"BindEvent"的. vue 文件,在文件中加入如代码清单 4-1 所示的代码。

代码清单 4-1 BindEvent. vue 代码

```html
<template>
  <div class = "action">
    <div class = "a - item">
      <input type = "button" value = "v - on 绑定"
          v - on:click = "num += 1" />
    </div>
    <!-- @ 等价于 v - on 指令 -->
    <div class = "a - item">
      <input type = "button" value = "@ 绑定"
          @click = "num += 1" />
    </div>
    <div class = "a - item">数量:{{ num }}</div>
  </div>
</template>

<script>
export default {
  name: "BindEvent",
  data() {
    return {
      num: 1,
    };
  },
};
</script>
<style scoped>
.action .a - item {
  margin: 10px 0;
}
.action .a - item input {
  width: 80px;
  height: 32px;
}
</style>
```

3．页面效果

保存代码后，页面在 Chrome 浏览器下执行的效果如图 4-2 所示。

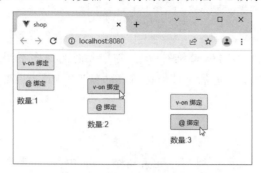

图 4-2　指令绑定事件

4．源码分析

在上述实例的模板代码中，使用 v-on 和 @ 指令的写法是等价的，都可以执行事件处理过程，使绑定的 num 变量值累加 1。因此，num 变量的初始值为 1，单击后会变为 2，再次单击时变为 3。由于 @ 指令的方式写法更精简，目前大部分都使用这种方式绑定元素的事件。

4.2.2　常见修饰符

元素绑定事件后，在执行事件处理的过程中，通常会有一些默认的其他现象被同时触发，如单击事件时的冒泡现象，提交数据时页面自动重载等。为了解决这些问题，可以调用事件对象中的方法，如 preventDefault() 或 stopPropagation() 来阻止冒泡现象。

虽然可以通过调用事件对象中的方法来处理，但在事件处理函数中必须传入事件对象，这就会使业务处理分离不够彻底，事件处理函数应该只关注业务逻辑，而不应解决 DOM 事件本身默认的细节。为了解决这个问题，在 Vue 中，当事件绑定时，允许在事件名称后面通过点语法的形式添加一个事件修饰符，来处理 DOM 事件本身默认的现象。

常见的修饰符有下面几种，名称和用法如下。

```
<!-- 单击事件时阻止冒泡现象 -->
< a v - on:click.stop = "todo"></a>

<!-- 表单提交事件时阻止页面重载 -->
< form v - on:submit.prevent = "onSubmit"></form>
```

```
<!-- 单击事件的元素只有是自身时才会触发 -->
< a v - on:click.self = "todo"></a>

<!-- 单击事件时只会触发一次 -->
< a v - on:click.once = "todo"></a>
```

当然，修饰符之间也可以使用串联的方式进行编写，如下。

```
<!-- 阻止全部的单击事件,包含元素自身 -->
< a v - on:click.prevent.self = "todo"></a>
```

串联方式编写时,修饰符顺序很重要,相同的修饰符,不同顺序,功能不同,如下。

```
<!-- 只阻止元素自身的单击事件,不包含其他冒泡的事件 -->
< a v - on:click.self.prevent = "todo"></a >
```

虽然都使用了 self 和 prevent 修饰符,但是在串联时的顺序不同,导致它们最终的功能完全不同,因为串联时,功能相近的事件修饰符,以"就近原则"为标准进行处理。

4.3 事件传参

虽然事件处理过程的代码可以写在元素指令 v-on 中,但如果是复杂的过程,还必须调用事件的处理方法来完成,在事件处理方法中,还可以传递参数或事件对象,来满足方法的复用性,如果传入的参数是事件对象,必须是指定名称的特殊变量—— $event。

4.3.1 方法参数

在事件方法中,可以不传参数,或传入一个或多个参数,方法中默认有一个事件对象,这个对象在方法不传入参数时,可以通过声明的方式直接获取。接下来,通过一个完整的示例来演示事件方法中各种参数定义和获取的过程。

实例 4-2 事件方法中的参数

1. 功能描述

在页面中,添加两个按钮和一个 div 元素,分别使用不同的参数传入按钮绑定的事件方法中,当单击某个按钮时,在 div 元素中显示传入参数的值。

2. 实现代码

在项目 components 文件夹的 ch4 子文件夹中,添加一个名为"EventParam"的 .vue 文件,在文件中加入如代码清单 4-2 所示的代码。

代码清单 4-2 EventParam.vue 代码

```
< template >
  < div class = "action">
    < div class = "a - item">
      < input type = "button" value = "一个参数"
          @click = "todo(1)" />
    </div >
    < div class = "a - item">
      < input type = "button" value = "两个参数"
          @click = "todo2(2, 3)" />
    </div >
    < div class = "a - item">参数:{{ strParam }}</div >
  </div >
</template >

< script >
export default {
```

```
    name: "EventParam",
    data() {
      return {
        strParam: "",
      };
    },
    methods: {
      todo(a) {
        this.strParam = a;
      },
      todo2(a, b) {
        this.strParam = a + "," + b;
      },
    },
};
</script>
<style scoped>
/* 样式与实例 4-1 相同 */
</style>
```

3. 页面效果

保存代码后,页面在 Chrome 浏览器下执行的效果如图 4-3 所示。

图 4-3　事件方法中的参数

4. 源码分析

在上述实例的模板代码中,两个按钮分别绑定了两个事件处理方法 todo()和 todo2(),方法的定义在 Vue 实例化配置对象 methods 属性中完成。单击第一个按钮时,获取传入的参数 1,并作为 strParam 变量的值显示在元素中。

当单击第二个按钮时,根据传入参数的顺序,分别获取到了参数 2 和 3,并将它们组合后作为 strParam 变量的值显示在元素中。传入参数和获取参数的顺序必须一致,否则,将获取不到正确传入的值。

4.3.2　事件对象参数

在执行事件处理方法中,有时需要传入事件对象这个参数,例如,通过事件对象阻止事件的冒泡现象和默认动作。向方法中传入事件对象非常简单,一种是方法中不传任何参数,定义声明后直接获取;另一种是向方法中传入一个特殊的变量 $event,也可以获取事件对象。接下来通过一个实例来演示传入事件对象的过程。

实例 4-3 事件对象参数

1. 功能描述

新建一个组件,在模板中添加三个 div 元素,其中两个为父子包裹结构,并分别绑定单击事件,执行一个相同的事件处理方法,当单击子元素时,在第三个 div 元素中显示每次单击元素时的累加值。

2. 实现代码

在项目 components 文件夹的 ch4 子文件夹中,添加一个名为"EventObject"的. vue 文件,在文件中加入如代码清单 4-3 所示的代码。

代码清单 4-3 EventObject. vue 代码

```
<template>
    <div class = "action">
        <div class = "a - parent" @click = "todo">
            <div class = "a - child" @click = "todo"></div>
        </div>
        <div class = "a - item">数量:{{ intNum }}</div>
    </div>
</template>

<script>
export default {
    name: "EventObject",
    data() {
        return {
            intNum: 0,
        };
    },
    methods: {
        todo() {
            this.intNum++;
        }
    }
};
</script>
<style scoped>
.action .a - item {
    margin: 10px 0;
}

.action .a - parent {
    width: 100px;
    height: 100px;
    border: solid 1px #666;
    padding: 20px;
}

.action .a - child {
```

```
    width: 100px;
    height: 100px;
    border: solid 1px #666;
}

.action .a-item input {
    width: 80px;
    height: 32px;
}
</style>
```

3. 页面效果

保存代码后，页面在 Chrome 浏览器下执行的效果如图 4-4 所示。

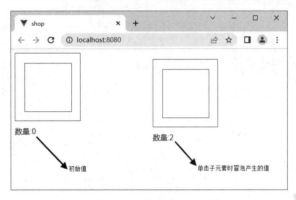

图 4-4　单击事件时的冒泡现象

4. 源码分析

在图 4-4 中，由于存在事件的冒泡现象，当单击子元素时，同时也触发了父元素绑定的事件，因此，虽然是单击了一次子元素，但实际是执行两次相同的事件处理方法，所以，最终值显示为 2。

为了解决这种事件冒泡现象，在 Vue 中，可以使用以下三种方法。

第 1 种，在现有代码基础之上，定义事件处理方法时，通过声明的方式，获取默认的事件对象，它是原生 DOM 事件对象，调用这个对象中的 stopPropagation() 方法就可以阻止冒泡现象的发生，修改代码如下。

```
todo(event) {
    event.stopPropagation();
    this.intNum++;
}
```

第 2 种，在元素触发事件调用方法时，将一个特殊的变量 $event，作为事件对象参数传入方法中，此时方法中调用的事件对象，是元素在事件触发时真实传入的，因此，只需要修改元素绑定事件时的代码，代码修改如下。

```
<div class="a-child" @click="todo($event)"></div>
```

第3种,无论传参或不传参,都会修改事件处理方法,为了将 DOM 元素事件本身的特点与事件处理逻辑分离,在 Vue 中可以通过使用事件修饰符来完成事件冒泡的现象,即将调用事件时的写法修改成如下代码。

```
< div class = "a - child" @click.stop = "todo"></div >
```

在这三种方法中,前两种方法相对复杂,第3种是 Vue 中特有的写法,既简单,又高效,建议使用。无论用何种方法解决冒泡的现象,最终页面实现的效果将会如图 4-5 所示。

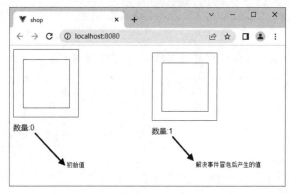

图 4-5　解决事件单击时的冒泡现象

小结

本章先从事件绑定和被执行的流程讲起,然后再介绍绑定的方式和绑定时的修饰符,最后通过实例的方法,介绍如何向事件处理方法中传入普通的参数和事件对象参数。

第⟨5⟩章

元素动画效果

本章学习目标
- 理解和掌握过渡动画实现的方法和流程。
- 理解自定义动画的工作过程和原理。
- 掌握第三方动画库和列表动画实现的方法。

5.1 过渡动画

在 Vue 中,专门提供了一个名称为 transition 的内置组件,来完成单个 DOM 元素的动画效果,该组件本身和它的顶层并不渲染动画效果,而只是将动画效果应用到被组件包裹的 DOM 元素上,代码实现的格式如下。

```
<transition>
    <div>动画元素</div>
</transition>
```

transition 组件可以实现的动画包括过渡和自定义两种,底层都是由 CSS 3 中的样式来完成的,在动画执行时,组件自动生成 CSS 3 动画类名属性,格式为

```
name - string
```

例如,如果需要实现名称为 fade 的渐隐渐显过渡动画效果,则在样式类别为 fade-enter 和 fade-enter-active 中添加效果即可,下面通过一个实例来说明它的应用过程。

实例 5-1 制作一个过渡动画

1. 功能描述

在页面中分别添加一个按钮和一个 transition 元素,并在动画组件中包裹一个 div 元素,当首次单击按钮时,div 元素以渐隐渐显的方式隐藏,再次单击按钮时,div 元素以渐隐渐显的方式显示,同时,按钮中也显示相应的状态名称。

2. 实现代码

在项目 components 文件夹的 ch5 子文件夹中,添加一个名为"TransBase"的. vue 文件,在文件中加入如代码清单 5-1 所示的代码。

代码清单 5-1　TransBase. vue 代码

```
<template>
  <div class = "action">
    <div class = "act">
      <input type = "button" @click = "startTrans()"
             :value = "blnShow ? '隐藏动画' : '显示动画'">
    </div>
    <transition name = "fade">
      <div class = "mytrans" v - if = "blnShow"></div>
    </transition>
  </div>
</template>

<script>
export default {
  name: "TransBase",
  data() {
    return {
      blnShow: true
    };
  },
  methods: {
    startTrans() {
      this.blnShow = !this.blnShow;
    }
  },
};
</script>
<style scoped>
.fade - enter - active,
.fade - leave - active {
  transition: opacity 2s ease;
}

.fade - enter - from,
.fade - leave - to {
  opacity: 0;
}

.action .act {
  margin: 10px 0;
}

.action .act input {
  width: 80px;
  height: 32px;
}

.mytrans {
  width: 200px;
  height: 150px;
  background - color: #666;
```

```
    }
</style>
```

3. 页面效果

保存代码后,页面在 Chrome 浏览器下执行的效果如图 5-1 所示。

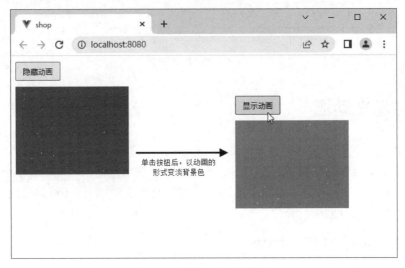

图 5-1　制作一个过渡动画

4. 源码分析

在上述实例的模板代码中,当向 transition 组件中添加或删除元素时,Vue 框架将自动检测 transition 组件是否添加了动画名称属性,如果添加了 name 属性并指定了动画名称,则向包裹元素添加或删除各类动画效果的 CSS 类别名,以实现包裹元素的动画效果;如果没有添加,则包裹元素将会直接显示或隐藏。

通常情况下,动画组件包含 6 个 CSS 类别名,它们的名称和使用说明如表 5-1 所示。

表 5-1　动画 CSS 类别样式使用说明

类 别 名 称	使 用 说 明
v-enter-from	定义进入动画的开始状态。在元素被插入之前生效,元素被插入之后的下一帧移除
v-enter-active	定义进入动画生效时的状态。在整个进入动画的阶段中应用,元素被插入之前生效,动画完成之后移除
v-enter-to	定义进入动画的结束状态。在元素被插入之后下一帧生效,动画完成之后移除
v-leave-from	定义离开动画的开始状态。在离开动画被触发时立刻生效,下一帧被移除
v-leave-active	定义离开动画生效时的状态。在整个离开动画的阶段中应用,在离开动画被触发时立刻生效,在动画完成之后移除
v-leave-to	定义离开动画的结束状态。在离开动画被触发之后下一帧生效,在动画完成之后移除

需要说明的是,6 个动画类别名称样式分为两大类,一类是进入,另一类是离开,每类三个 CSS 动画样式,每个样式的名称都会以动画名称作为前缀,如"fade-enter-from",如果没有指定动画名称,则以"v"作为前缀,如"v-enter-from"。

在实例中,页面加载完成时,动画元素的 opacity 属性值为 1,当单击按钮时,应用离开动画样式,且 opacity 属性值成为 0,当再次单击按钮时,应用进入动画样式,使 opacity 属性值成为 1。动画样式的整体实现流程如图 5-2 所示。

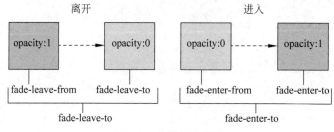

图 5-2　动画样式流程

5.2　自定义动画

在 Vue 中,不仅可以实现过渡动画效果,还可以给元素添加自定义的动画,它们两者的区别是,自定义动画中名称为 v-enter-from 的样式类别在结点插入 DOM 后不会立即移除,而是在 animationend 事件被触发时才移除。除可以自定义动画外,还可以自定义动画的样式类别名称,接下来分别进行介绍。

5.2.1　制作自定义动画

transition 组件中的动画效果取决于元素应用哪种 CSS 动画规则,前面介绍的过渡动画使用了 CSS 中的 transition 属性,而自定义动画则可以使用 animation 属性来完成,接下来通过一个实例来演示自定义动画实现的过程。

实例 5-2　制作一个自定义动画

1. 功能描述

在实例 5-1 的基础上,当首次单击按钮时,元素将以自定义动画的形式,先放大 1.25 倍,再缩小至隐藏,再次单击按钮时,元素将以反向的动画形式显示,同时,按钮文字动态显示元素的状态。

2. 实现代码

在项目 components 文件夹的 ch5 子文件夹中,添加一个名为"CustAnimate"的.vue 文件,在文件中加入如代码清单 5-2 所示的代码。

代码清单 5-2　CustAnimate.vue 代码

```
<template>
  <div class = "action">
    <div class = "act">
      <input type = "button" @click = "startTrans()"
             :value = "blnShow ? '隐藏动画' : '显示动画'">
    </div>
    <transition name = "sc">
      <div class = "mytrans" v-if = "blnShow"></div>
    </transition>
  </div>
```

```
</template>

<script>
export default {
  name: "CustAnimate",
  data() {
    return {
      blnShow: true
    };
  },
  methods: {
    startTrans() {
      this.blnShow = !this.blnShow;
    }
  },
};
</script>
<style>
.sc-enter-active {
  animation: myanimate 0.5s;
}

.sc-leave-active {
  animation: myanimate 0.5s reverse;
}

@keyframes myanimate {
  0% {
    transform: scale(0);
  }

  50% {
    transform: scale(1.25);
  }

  100% {
    transform: scale(1);
  }
}

.action .act {
  margin: 10px 0;
}

.action .act input {
  width: 80px;
  height: 32px;
}

.mytrans {
  width: 200px;
  height: 150px;
```

```
    background-color: #ccc;
  }
</style>
```

3. 页面效果

保存代码后,页面在 Chrome 浏览器下执行的效果如图 5-3 所示。

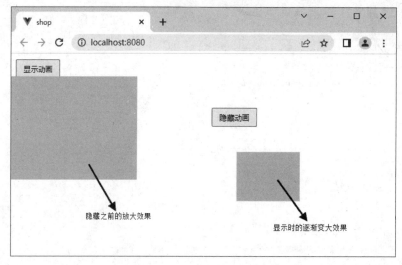

图 5-3　自定义动画

4. 源码分析

在上述实例的代码中,类别样式 sc-enter-active 和 sc-leave-active 分别为指定名称的进入动画和离开动画生效时的样式。在 sc-enter-active 样式中,通过 animation 属性调用自定义的动画 myanimate;而在 sc-leave-active 样式中,通过反方向的方式来执行动画效果。

Vue 框架可以自动识别元素的动画类型,并设置对应的事件进行监听,如果是过渡动画,则通过 transitionend 事件进行监听;如果是自定义动画,则设置 animationend 事件来监听。在这种情况之下,如果一个元素既使用了过渡动画,又使用了自定义动画,那么,元素在进行动画效果时,可能会导致一个动画已结束,而另一个动画未完成。为了解决这个问题,可以给动画组件添加一个 type 属性,指定需要执行的动画类型,代码如下。

```
<transition name="sc" type="animation">
    <div class="mytrans" v-if="blnShow"></div>
</transition>
```

在项目开发中,建议不要在动画组件包裹的元素上添加多个动画,容易出现异常。

5.2.2　自定义动画样式

在 5.1 节中介绍了动画的实现源于 6 个类别样式,它们的名称默认前缀是一个"v"字母或者指定的名称,如"sc",其实,也可以不使用这些固定的类别样式,开发者可以自定义任意的类别样式,供动画组件调用,同样也可以实现元素的动画效果。

在动画组件 transition 中,可以接收自定义类别样式的属性有 6 个,名称分别为 enter-from-class、enter-active-class、enter-to-class、leave-from-class、leave-active-class 和 leave-to-class，它们的功能与动画组件默认的 6 个类别样式一致。

接下来通过一个实例来演示如何调用自定义动画样式来实现元素的动画效果。

实例 5-3 应用自定义动画样式

1. 功能描述

在实例 5-1 的基础上，当单击按钮时，通过应用自定义动画的样式，实现元素以动画的形式显示与隐藏。

2. 实现代码

在项目 components 文件夹的 ch5 子文件夹中，添加一个名为"CustClassName"的.vue 文件，在文件中加入如代码清单 5-3 所示的代码。

代码清单 5-3 CustClassName.vue 代码

```
<template>
  <div class = "action">
    <div class = "act">
      < input type = "button" @click = "startTrans()"
            :value = "blnShow ? '隐藏动画' : '显示动画'">
    </div>
    <transition enter - active - class = "enter"
              leave - active - class = "leave">
      <div class = "mytrans" v - if = "blnShow"></div>
    </transition>
  </div>
</template>
<script>
export default {
  name: "CustClassName",
  data() {
    return {
      blnShow: true
    };
  },
  methods: {
    startTrans() {
      this.blnShow = !this.blnShow;
    }
  },
};
</script>
<style>
.enter {
  animation: myanimate 0.5s;
}
.leave {
  animation: myanimate 0.5s reverse;
}
@keyframes myanimate {
  from {
```

```
        transform: translateX( - 100 % );
      }

      to {
        transform: translateX(0px);
      }
    }
    .action .act {
      margin: 10px 0;
    }
    .action .act input {
      width: 80px;
      height: 32px;
    }
    .mytrans {
      width: 200px;
      height: 30px;
      background - color: # ccc;
    }
  </style>
```

3. 页面效果

保存代码后,页面在 Chrome 浏览器下执行的效果如图 5-4 所示。

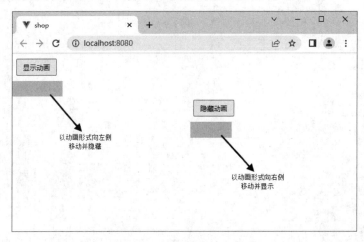

图 5-4   应用自定义动画样式

4. 源码分析

在上述实例的代码中,向动画组件 transition 的 enter-active-class 和 leave-active-class 属性添加了两个自定义的类别样式,从而实现了元素的动画效果。

另外,在动画组件中包裹的元素虽然应用了动画效果,但它必须通过样式的切换才会触发,如元素的显示与隐藏,组件也允许首次渲染完成后就自动触发,只需要向组件添加一个名称为 appear 的属性,代码如下。

```
< transition enter - active - class = "enter"
          leave - active - class = "leave" appear >
```

```
    < div class = "mytrans" v - if = "blnShow"></div>
</transition>
```

无论是何种动画效果，只要在组件中添加该属性，那么，当组件中元素首次渲染完成后，都会自动触发一次设置的动画效果。

5.3　第三方动画库

在实际的项目开发中，如果是自定义元素的动画，不仅效率低下，代码量大，而且存在浏览器的兼容性问题，因此，可以借助一些优秀的第三方动画库来协助完成动画的效果，如animate.css 和 gsap 动画库，前者使用样式，后者通过 JavaScript 来实现动画效果。

5.3.1　animate.css

animate.css 是一个使用 CSS 样式实现动画效果的第三方库文件，它包含各类动画效果，如强调、切换和引导等，同时，它能很好地兼容各大浏览器，可以很方便地快速运用到各个 Web 项目中，在使用 animate.css 动画库之前，需要先在项目文件夹下输入如下指令。

```
npm install animate
```

安装成功后，在需要使用该动画效果的组件中导入该库文件，代码如下。

```
import "animate.css";
```

导入成功后，就可以在组件的模板元素中，使用动画库的类别样式了。接下来通过一个示例来演示 animate.css 库在组件中的使用过程。

实例 5-4　应用动画库中样式

1. 功能描述

在实例 5-1 的基础上，当单击按钮时，通过应用第三方动画的样式，实现元素以反弹跳跃的方式隐藏，以上下摇摆的方式显示。

2. 实现代码

在项目 components 文件夹的 ch5 子文件夹中，添加一个名为"PlugAnimate"的 .vue 文件，在文件中加入如代码清单 5-4 所示的代码。

代码清单 5-4　PlugAnimate.vue 代码

```
< template >
  < div class = "action">
    < div class = "act">
      < input type = "button" @click = "startTrans()"
            :value = "blnShow ? '隐藏动画' : '显示动画'">
    </div>
    < transition name = "animate__animated animate__bounce"
      enter - active - class = "animate__swing"
```

```
          leave - active - class = "animate __ backOutUp">
          < div class = "mytrans" v - if = "blnShow"></div >
        </transition >
     </div >
  </template >

  < script >
  import "animate.css";
  export default {
    name: "PlugAnimate",
    data() {
      return {
        blnShow: true
      };
    },
    methods: {
      startTrans() {
        this.blnShow = !this.blnShow;
      }
    },
  };
  </script >
  < style >
  .action .act {
    margin: 10px 0;
  }

  .action .act input {
    width: 80px;
    height: 32px;
  }

  .mytrans {
    width: 200px;
    height: 30px;
    background - color: #ccc;
  }
  </style >
```

3. 页面效果

保存代码后,页面在 Chrome 浏览器下执行的效果如图 5-5 所示。

4. 源码分析

在上述实例的代码中,首先向动画组件添加两个动画名称,分别是 animate __ animated 和 animate __ bounce,前者是一个类似于全局变量的变量,它定义了动画的持续时长;后者则是一个动画具体的效果名称,实例中的 bounce 为反弹效果。

然后再设置动画进入和离开时的类别样式 animate __ swing 和 animate __ backOutUp。通过这些动画样式,实现需求中的动画效果。animate.css 库是开源的,安装后就已下载到本地文件中,如果需要修改某个动画效果,也可以找到源文件,直接修改对应样式的代码。

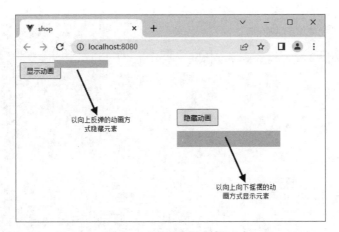

图 5-5 应用动画库中样式

5.3.2 gsap 动画库

gsap 的全称是 GreenSock Animation Platform,它是一个功能非常强大的动画平台,可以对 JavaScript 操作的所有内容实现动画效果,同时,还解决了不同浏览器中存在的兼容性问题,而且速度和效率都非常快,全球超过 1000 万个站点都在使用它提供的动画。

在使用 gsap 平台提供的动画之前,需要在项目文件夹下,通过下列指令来安装 gsap 框架,指令如下。

```
npm install gsap
```

安装成功后,在需要使用该动画效果的组件中导入该库文件,代码如下。

```
import gsap from 'gsap';
```

导入成功后,就可以在组件的模板元素中,使用库中的动画效果了,接下来通过一个实例来演示 gsap 库中的动画在组件中的使用过程。

实例 5-5 应用 gsap 库中动画

1. 功能描述

在实例 5-1 的基础上,当单击按钮时,通过应用 gsap 库中的动画效果,实现元素中的数字以快速蹦跳的动画方式来展示不断增加的新数字。

2. 实现代码

在项目 components 文件夹的 ch5 子文件夹中,添加一个名为"GsapAnimate"的. vue 文件,在文件中加入如代码清单 5-5 所示代码。

代码清单 5-5 GsapAnimate. vue 代码

```
< template >
  < div class = "action">
    < div class = "act">
      < input type = "button" @click = "increment()"
```

```
              value = "动画数字">
    </div>
    < div class = "change">{{ counter.toFixed(0) }}</div>
  </div>
</template>

< script >
import gsap from 'gsap'
export default {
  name: "GsapAnimate",
  data() {
    return {
      counter: 0
    };
  },
  methods: {
    increment() {
      gsap.to(this,
        { duration: 2, counter: this.counter + 100 }
      )
    }
  },
};
</script>
< style >
.action .act {
  margin: 10px 0;
}
.action .change{
  font – size: 30px;
  font – weight: 700;
  font – family:'微软雅黑'
}
</style>
```

3. 页面效果

保存代码后,页面在 Chrome 浏览器下执行的效果如图 5-6 所示。

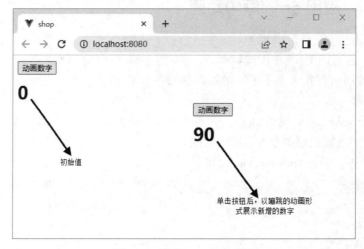

图 5-6　应用 gsap 库中动画

4. 源码分析

在上述实例的代码中,首先在组件中导入安装成功的 gsap 动画库,然后定义一个变量 counter,用于保存每次增加的数字,并将结果显示在模板元素中。当增加数字变化时,默认有小数点,为了显示效果,调用 toFixed()方法,并传参数 0 值,删除掉小数点后的数字。

最后,当单击按钮时,执行自定义的 increment()方法,在该方法中,直接调用 gsap 动画库中的 to()方法,该方法的调用格式为

```
gsap.to(targets,vars)
```

上述方法中的参数 targets 表示需要添加动画的对象,可以是一个 Object、Array 对象或选择器所获取的元素,本例中使用的是 this,表示 Vue 实例对象本身。

参数 vars 是一个配置对象,可以包含想要以动画形式改变的属性名称、延时和动画时长以及动画执行后的回调函数等,本例中 duration 属性表示动画时长,变化值的名称是 counter,变化时的规则是每单击一次按钮,会在原值的基础上再增加 100。gsap 框架如果发现变化的是数字,会自动以动画形式表达数字的递增或递减效果。

5.4　列表动画

动画不仅可以作用于一个结点或一个组件上,还可以作用于多个结点和组件上,例如,当列表中的项目在增加或删除时,希望通过动画的效果来实现,这种动画则需要添加列表动画组件 transition-group 来完成。

transition-group 是新增的一个动画组件,它可以在多个元素中应用动画,具有以下特征。

(1)默认情况下,它不会渲染组件包裹中的某个元素,除非单独指定某一个元素。

(2)过渡的模式不可使用,因为它没有相互切换元素的效果。

(3)元素内部需要提供唯一的属性 key 值,用于标识动画作用的是哪个元素。

(4)CSS 过渡样式仅作用于包裹的内部元素,不会应用于动画组件本身。

transition-group 组件不仅可以在列表中实现基础的动画效果,还可以在列表中实现交错过渡的效果,接下来分别进行介绍。

5.4.1　transition-group 组件基本功能

transition-group 组件可以针对多项元素实现动画的效果,它的动画样式设置方式和动画的生命周期函数与 transition 组件是一样的。接下来通过一个简单的实例来演示它的基本使用过程。

实例 5-6　列表中的动画数字

1. 功能描述

在页面模板中,分别添加一个"增加"和"删除"按钮,再添加一个列表元素,默认列表中显示 10 个数字,当单击"增加"按钮时,列表中以渐现的动画形式,添加一个数字;当单击"删除"按钮时,列表中以渐隐的动画形式,删除一个数字。

2. 实现代码

在项目 components 文件夹的 ch5 子文件夹中,添加一个名为"TransGroup"的. vue 文件,在文件中加入如代码清单 5-6 所示的代码。

代码清单 5-6　TransGroup. vue 代码

```html
<template>
  <div class = "action">
    <div class = "act">
      <input type = "button" @click = "add()" value = "增加" />
      <input type = "button" @click = "remove()" value = "删除" />
    </div>
    <transition-group name = "fade" tag = "ul">
      <li v-for = "item in list" :key = "item">
        {{ item }}
      </li>
    </transition-group>
  </div>
</template>

<script>
export default {
  name: "TransGroup",
  data() {
    return {
      list: [0, 1, 2, 3, 4, 5, 6, 7, 8, 9]
    };
  },
  methods: {
    add() {
      this.list.push(this.getRndIndex())
    },
    remove() {
      this.list.splice(this.getRndIndex(), 1)
    },
    getRndIndex() {
      let len = this.list.length;
      return Math.floor(Math.random() * len);
    }
  }
};
</script>
<style scoped>
ul {
  list-style: none;
  margin: 0;
  padding: 0;
}

li {
  margin-right: 10px;
  display: inline-block;
```

```
      font – size: 30px;
      font – weight: 700;
      font – family: '微软雅黑'
    }

    .fade – enter – active,
    .fade – leave – active {
      transition: opacity 2s ease;
    }

    .fade – enter – from,
    .fade – leave – to {
      opacity: 0;
    }

    .action .act {
      margin: 10px 0;
    }

    .action .act input {
      width: 80px;
      height: 32px;
      margin – right: 5px;
    }
  </style>
```

3. 页面效果

保存代码后,页面在 Chrome 浏览器下执行的效果如图 5-7 所示。

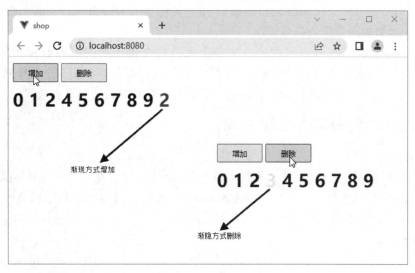

图 5-7 列表中的动画数字

4. 源码分析

在上述实例模板代码中,首先,向 transition-group 组件添加了一个名称为"tag"的属性,该属性表示以什么元素名称包裹动画列表元素,一旦完成设置,则 transition-group 组件在编译时自动转成该元素名称,所有的动画效果都由该元素包裹的列表去实现。

其次需要注意的是,包裹元素不建议使用 flex 方式进行布局,因为 flex 布局有它特有的渲染方式,而这种特有的方式会导致列表动画在执行过程中出现问题。

5.4.2　交错过渡动画效果

通过自定义 CSS 样式实现的动画效果非常有限,还面临浏览器的兼容性问题,因此,如果需要实现一些复杂的动画效果,通常需要引入第三方库来实现,而 gsap 动画平台则是一个非常不错的选择,该平台不仅支持简单的动画效果,还能实现复杂的列表动画。

gsap 平台可以针对所有的 JavaScript 操作实现动画效果,在 transition-group 组件中,为了监听动画执行的过程,提供了许多钩子函数,它们的功能如表 5-2 所示。

表 5-2　动画组件的钩子函数

函 数 名 称	使 用 说 明
before-enter	进入动画之前时触发,函数中有一个 el 参数,表示当前执行动画的元素
enter	进入动画时触发,函数中有两个参数,一个是 el 参数,表示当前执行动画的元素;另一个是 done 函数
after-enter	进入动画之后触发,函数中有一个 el 参数,表示当前执行动画的元素
enter-cancelled	进入动画被取消时触发,函数中有一个 el 参数,表示当前执行动画的元素
before-leave	离开动画之前时触发,函数中有一个 el 参数,表示当前执行动画的元素
leave	离开动画时触发,函数中有两个参数,一个是 el 参数,表示当前执行动画的元素,另一个是 done 函数
after-leave	离开动画之后触发,函数中有一个 el 参数,表示当前执行动画的元素
leave-cancelled	离开动画被取消时触发,函数中有一个 el 参数,表示当前执行动画的元素

需要说明的是,在 enter 和 leave 函数中,需要调用第二个参数 done,用于通知 Vue 框架,对应钩子函数的动画已经执行完成。

借助 gsap 动画平台,可以实现列表中各个元素的交错切换的动画效果。所谓的"交错",指的是多个元素在执行动画效果时,并不是一起执行,而是一个接一个地排列执行。接下来通过一个简单的实例来演示使用 gsap 实现交错切换显示的动画列表效果。

实例 5-7　列表中的交错效果

1. 功能描述

在页面模板中,分别添加一个文本框和一个列表元素,用户在文本框中输入内容时,模糊查询的内容则显示在列表中;当变更文本框内容时,列表内容则以交错切换的动画方式进行同步展示;文本框内容为空时,则隐藏列表内容。

2. 实现代码

在项目 components 文件夹的 ch5 子文件夹中,添加一个名为"GsapGroup"的.vue 文件,在文件中加入如代码清单 5-7 所示的代码。

代码清单 5-7　GsapGroup.vue 代码

```
<template>
  <div class = "action">
```

```
    <div class = "act">
      <input type = "text" v - model = "search">
    </div>
    <transition - group name = "list" tag = "ul"
      @before - enter = "beforeEnter"
      @enter = "handleEnter"
      @leave = "handleLeave">
      <li v - for = "item in showUsers" :key = "item"
          :data - index = "index">
        {{ item }}
      </li>
    </transition - group>
  </div>
</template>

<script>
import gsap from 'gsap'
export default {
  name: "TransGroup",
  data() {
    return {
      search: '',
      users: ['张三', '李四', '李小四', '张明明', '陈小丰']
    };
  },
  computed: {
    showUsers() {
      if (this.search) {
        return this.users.filter(user =>
              user.includes(this.search))
      } else {
        return [];
      }
    }
  },
  methods: {
    beforeEnter(el) {
      el.style.height = '0px'
      el.style.opacity = '0'
    },
    handleEnter(el, done) {
      gsap.to(el, {
        height: '1.5em',
        opacity: 1,
        delay: el.dataset.index * 0.1,
        onComplete: done
      })
    },
    handleLeave(el, done) {
      gsap.to(el, {
        height: 0,
        opacity: 0,
        delay: el.dataset.index * 0.1,
```

```
            onComplete: done
        })
      }
    }
};
</script>
<style scoped>
ul {
  list-style: none;
  margin: 10px 0;
  padding: 0;
  width: 188px;
}
ul li {
  padding: 2px 0;
}
.action {
  width: 188px;
}
.action .act input {
  padding: 8px;
}
</style>
```

3. 页面效果

保存代码后,页面在 Chrome 浏览器下执行的效果如图 5-8 所示。

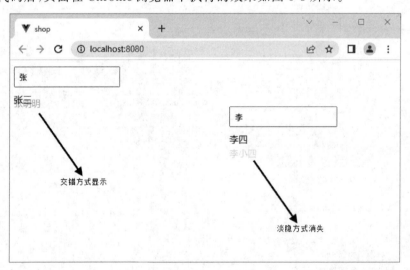

图 5-8　列表中的交错效果

4. 源码分析

在上述实例模板代码中,transition-group 组件分别绑定了 before-enter、enter 和 leave 三个钩子函数。在 before-enter 函数中,动画元素高度和透明度都为 0,即初始化动画元素。

然后,在执行 enter 函数时,设置动画元素的高度值,并将透明度设置为 1,表示显示该元素,同时,获取元素传入的 index 值,作为计算动画延时值的一部分,这种计算方式使每行的延时效果更加均匀,动画执行更加流畅。

　　此外,当动画完成后,一定要在 onComplete()方法中执行传入的 done 函数,用于通知 Vue 框架,对应阶段的动画已执行完成。

　　最后,执行 leave 与 enter 函数的流程基本相似,只是在 leave 函数中会将动画元素的高度和透明度的值都设置为 0,表示隐藏该元素。

小结

　　本章首先从最基础的过渡动画讲起,再介绍自定义动画的方法,然后介绍第三方动画库在 Vue 中的使用过程,包括 animate 和 gsap 库的具体使用方法,最后进一步阐述如何在列表中通过 transition-group 组件实现多个元素执行动画效果的方法。

第⟨6⟩章

视频讲解

组件定义

本章学习目标
- 理解和掌握定义组件的方法和流程。
- 理解组件中属性的定义和使用原理。
- 掌握组件中事件验证和传参的方法。

6.1 什么是组件

组件(Component)是 Vue 中最强大的功能之一,每个 Vue 文件就是一个独立的组件,组件也可以被其他组件调用,形成嵌套关系,大部分的应用都是由各类不同功能的小组件进行构建,形成一个功能强大的大组件树系统,如图 6-1 所示。

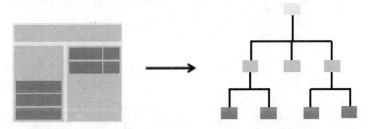

图 6-1　组件的结构

可以说组件是应用开发的核心,是系统构建的基础,其重要性不言而喻,每个组件是功能可复用的独立的封装代码,它可以像使用普通标签一样,直接在模板中使用,从而进一步扩展了 HTML 标签。它有下列两种定义方式。

6.1.1 单文件组件

单文件组件简称为 SFC,是指在使用脚手架构建项目时,自动生成的一个扩展名为 . vue 的单独文件,而在这个文件中,就是一个定义好的 Vue 组件,如以下代码所示。

```
< template >
    < div >{{ tip }}</div >
</ template >
< script >
```

```
export default {
    name:"Base",
    data() {
        return {
            tip: "今天的天气非常不错!"
        }
    }
}
</script>
```

6.1.2 JavaScript 对象

除使用脚手架创建项目时,自动定义 Vue 组件之外,还可以在 js 文件中定义一个包含 Vue 特定选项的 JavaScript 对象,这也是定义了一个 Vue 组件,如以下代码所示。

```
export default {
    data() {
        return {
            tip: "今天的天气非常不错!"
        }
    },
    template: `
    <div>{{ tip }}</div>`
}
```

在上述 js 文件的代码中,定义的组件默认是使用 export default 方法导出自己,模板是一个内联的 JavaScript 字符串变量,Vue 在执行时会自动编译它,成为组件的模板部分。

6.2 组件使用

一个组件在使用之前,必须先进行注册,只有完成了注册,Vue 才能在渲染时找到对应的功能模块,因此,组件的注册是组件使用的前提。注册的方式分为两种,一种是全局注册,另一种是局部注册,注册成功后,组件就可以像普通标签一样使用了。

6.2.1 全局注册

全局注册组件的方式非常简单,只需要调用 Vue 应用实例中的 component()方法,就可以注册一个在当前 Vue 应用实例中都可以使用的全局组件,具体实现步骤如下。

(1) 先定义一个名称为 Global.vue,用于全局注册的组件,代码如下。

```
<template>
    <div>{{ tip }}</div>
</template>
<script>
export default {
    name: "Global",
    data() {
        return {
```

```
                   tip: "这是一个全局组件!"
             }
         }
     }
</script>
```

（2）在 main.js 文件中，调用 component() 方法将定义的组件注册为全局组件，代码如下。

```
import { createApp } from 'vue'
import App from './App.vue'
import Global from './components/ch6/Global'
let app = createApp(App);
app.component("Global",Global);
app.mount('#app')
```

（3）在任意一个组件，如 App.vue 中，直接调用注册成功的全局组件，代码如下。

```
<template>
  <global />
</template>
<script>
export default {
  name: "App"
};
</script>

<style>
#app {
  font-family: Avenir, Helvetica, Arial, sans-serif;
  -webkit-font-smoothing: antialiased;
  -moz-osx-font-smoothing: grayscale;
  color: #2c3e50;
}
</style>
```

需要说明的是：在第 2 个步骤中，调用 Vue 应用实例化对象的 component() 方法时，需传入两个参数，第一个是指这个全局组件的名称，第二个是指这个全局组件所对应的目标组件，通常是已定义完成的组件。

此外，component() 方法可以采用链式方式编写，注册多个全局组件，格式如下。

```
app
  .component("GlobalA", GlobalA)
  .component("GlobalB", GlobalB)
  .component("GlobalC", GlobalC)
```

最后，各个被注册的全局组件之间也可以相互调用，因此，上述代码中的三个被注册的全局组件内部是可以相互访问的。

6.2.2 局部注册

全局组件虽然注册简单,使用方便,但在实际项目中存在以下几点不足。

(1)全局组件一旦注册完成,即使不使用,打包发布时,并不会自动移除,而是依然在打包生成的js文件中,不利于打包文件体积的优化。

(2)注册成功的全局组件,在大型项目的使用过程中,依赖关系并不是很明确,如果同时注册多个全局组件,使用时,不易定位某个组件,不利于后期项目的维护和优化。

针对上述问题,可以通过局部注册组件来解决,相比于全局注册的组件,局部组件必须在父组件中显式声明,组件间的依赖关系更加清晰,对打包文件的优化更加友好,注册方式也更加简单,只需要以下两个步骤。

(1)先定义一个名称为Local.vue,用于局部注册的组件,代码如下。

```
<template>
    <div>{{ tip }}</div>
</template>
<script>
export default {
    name: "Local",
    data() {
        return {
            tip: "这是一个局部组件!"
        }
    }
}
</script>
```

(2)在任意一个组件,如App.vue中,导入新建的组件,并使用components选项,声明导入的组件,完成局部组件注册的功能,代码如下。

```
<template>
  <local/>
</template>
<script>
import Local from './components/ch6/Local.vue';
export default {
  name: "App",
  components: {
    Local
  }
};
</script>
<style>
  //省略样式代码
</style>
```

需要说明的是,在components配置属性中,key名就是组件名,可以使用简写方式,也可以将对应的value值列出,因此下列代码是等价的。

```
components: {
    Local
  }
```

等价于:

```
components: {
    Local:Local
  }
```

此外,局部注册的组件只能在注册的父组件中使用,不能运用到它的子组件或后代组件,即局部组件只对显式的注册有效,对后代组件无效。

6.2.3 组件命名格式

在注册组件时,有下列两种命名格式,一种是短横线分隔(kebab-case),另外一种是首字母大写(PascalCase)。下面分别进行介绍。

1. 短横线分隔

使用短横线分隔定义的组件,在引用该组件时,也必须使用短横线分隔,例如,使用短横线分隔定义了一个组件,格式如下。

```
app.component('custom - component - name', {
  /* ... */
})
```

引用这个自定义组件时的书写格式必须是< custom-component-name >。

2. 首字母大写

使用首字母大写定义的组件,在引用该组件时,两种命名格式都可以使用,例如,使用首字母大写定义了一个组件,格式如下。

```
app.component('CustomComponentName', {
  /* ... */
})
```

如果需要引用这个组件时,既可以写成 < custom-component-name > 格式,也可以写成< CustomComponentName > 格式。

需要说明的是,官方提倡使用首字母大写格式,因为它是一个合法的 JavaScript 标识符,可以很容易地导入和注册到组件中,同时,开发工具也提供了很好的自动补全功能。

此外,首字母大写的格式在模板中会更加明显地表明这是一个 Vue 组件,而不是原生HTML 元素,可以更容易地将系统自带的 Vue 组件和自定义元素区分开。

6.3 组件属性

组件的任何一个属性都必须显式声明,在属性声明时,可以添加属性的验证,每个组件的属性值都是单向数据传递,并且可以传递各种数据类型,接下来分别进行介绍。

6.3.1 属性定义

组件属性的定义需要使用 props 选项来完成,选项的值可以是一个字符型数组,也可以是一个对象的形式,如下。

```
<script>
export default {
    props:["name","age"],
    created(){
        console.log(this.name);
    }
}
</script>
```

在上述代码中,通过字符串数组形式定义了两个属性,一个是 name,另一个是 age。定义完成后,还可以在 this 中访问到该属性传入的值。

除了数组形式定义属性外,还可以使用对象的方式来定义组件的属性,如以下代码所示。

```
<script>
export default {
    props:{
        name:String,
        age:Number
    },
    created(){
        console.log(this.name);
    }
}
```

官方建议使用对象的形式去定义一个组件的属性,因为这种形式定义组件属性时,对象中的 key 表示属性名称,属性值就是属性名声明类型的构造函数;此外,这种形式定义属性时,还可以设置该属性是否需要验证。

6.3.2 属性验证

属性验证是指在声明组件属性时,如果属性不满足声明时定义的规则,将会在控制台输出相应的错误提示信息,这种验证功能有助于组件开发人员查看传入的属性值是否符合规范,进一步跟踪传入组件的数据。

如果需要设置属性的验证功能,可以在对象定义属性时,添加一个带校验的选项,代码如下。

```
<script>
export default {
    props: {
        name: {
```

```
            type: String,
            require: true
        },
        age: Number
    },
    created() {
        console.log(this.name);
    }
}
</script>
```

在上述代码的加粗部分,通过将 require 属性值设置为 true,表示该属性是一个必须要传入的,并且类型必须是字符型。

除了这种简单的属性验证功能外,还可以自定义验证属性,实现更加复杂的验证功能,例如,组件的"姓名"属性值中必须包含"a"或"b"字符内容,实现的代码如下。

```
< script >
export default {
    props: {
        name: {
            type: String,
            require: true,
            validator(value) {
                return ['a', 'b'].includes(value)
            }
        },
        age: Number
    },
    created() {
        console.log(this.name);
    }
}
</script>
```

在上述代码的加粗部分中,validator 是自带的检验函数,函数中 value 值表示对应属性输入的值,该函数必须使用 return 语句返回一个布尔值,表示是否验证成功。

6.3.3 属性值传递

组件所有属性默认都是可选的,除非将属性的 require 选项设置为 true,一个可选项的属性默认传递的值是 undefined,如果是布尔型,则默认为 false。如果想强化传递时的默认值,则可以在属性中添加 default 选项来设置,代码如下。

```
< script >
export default {
    props: {
        name: {
            type: String,
            require: true,
```

```
            default: "陶国荣"
        },
        age: Number
    },
    created() {
        console.log(this.name);
    }
}
</script>
```

在上述代码的加粗部分，设置了 name 属性的默认值是"陶国荣"，设置完成后，在未传递时，无论是隐式的默认值 undefined，还是显式声明 undefined，都将会被 default 选项设置的值所替换，自动修改为 default 选项值。

组件的属性值是以单向绑定的原则传递数据，即父组件通过组件的属性向子组件传递数据，子组件只能接收传入的数据，而不能修改它；即它是以父传子的单方向传入数据的，数据不能回传，以保证传入的数据不会被子修改，下列代码将会报错。

```
<script>
export default {
    props: {
        name: {
            type: String,
            require: true,
            validator(value) {
                return ['a', 'b'].includes(value)
            },
            default: "陶国荣"
        },
        age: Number
    },
    created() {
        this.name = "张三丰"
        console.log(this.name);
    }
}
</script>
```

在上述代码的加粗部分中，试图修改 name 属性传入的值，这种操作控制台将会输出错误信息，提示 name 属性值是只读的，不可修改。

如果确实需要修改传入的属性值，则可以将该属性值保存到另外一个变量中，保存后，则可以任意操作这个保存的变量，以实现修改的功能，代码如下。

```
<script>
export default {
    props: {
        name: {
            type: String,
            require: true,
```

```
            validator(value) {
                return ['a', 'b'].includes(value)
            },
            default: "陶国荣"
        },
        age: Number
    },
    data() {
        return {
            newName: this.name
        }
    }
}
</script>
```

在上述加粗代码中,新定义的组件变量 newName 则是保存了属性 name 值传入的数据值,因此,可以在组件中对该变量做相应的修改操作。

需要说明的是,组件的命名官方推荐使用首字母大写的格式,因为这种格式有利于提高模板的可读性,而组件属性的命名官方建议使用短横线分隔的格式,因为这样的格式更加贴近 HTML 元素书写的风格。

6.4　组件事件

在一个组件中,不仅可以定义属性,还能定义事件,同时,在定义的事件中,还可以传递事件参数,校验参数。组件中定义的事件,可以被调用此组件的父级组件监听,当触发子级组件的事件时,可以接收组件传入的参数值。接下来分别进行详细阐述。

6.4.1　事件定义

如果需要给组件添加事件,可以使用 emits 选项进行显式声明,声明的方式有两种,一种是数组格式,如下列代码所示。

```
<script>
export default {
    emits: ["myClk", "myFocus"]
}
</script>
```

在上述加粗代码中,使用 emits 选项定义了两个事件,一个事件名为"myClk",另一个事件名为"myFocus",这两个事件是组件自定义的事件,可以被父级组件执行。

除了上述这种数组格式外,事件还可以使用对象的格式进行声明,代码如下。

```
<script>
export default {
    emits: {
        myClk(payload){
```

```
            console.log(payload)
        },
        myFocus(payload){
            console.log(payload)
        }
    }
}
</script>
```

在上述加粗代码中,使用对象格式声明了两个与数组格式同名的事件,事件名官方推荐使用驼峰语法(camelCase)来声明,以便于在父组件调用时,可以使用短横线分隔格式监听组件的事件,父组件使用 v-on 或@来监听子组件的事件,代码如下。

```
<template>
    <myComponent
        @my-clk="fn"
        v-on:myFocus="fn2">
    </myComponent>
</template>
```

在上述父组件监听子组件事件的代码中,使用@简写的方式比较常见,建议使用。

6.4.2　事件验证

与验证属性相同,验证事件必须在组件定义时,以对象的形式来描述;在对象中,事件被赋值给一个函数,函数的参数作为执行事件时的实参,通过检测传入实参的有效性,来决定函数返回 true 或 false,从而完成事件执行时合法性的验证,代码如下。

```
<template>
    <div>
        <button @click="doLogin()">单击验证</button>
    </div>
</template>

<script>
export default {
    emits: {
        submit({ userName, userPass }) {
            if (userName.length != '' && userPass.length != '')
            {
                return true;
            } else {
                return false;
            }
        }
    },
    methods: {
        doLogin() {
```

```
            this. $ emit("submit",
            { userName: "陶国荣", userPass: "123456" })
        }
    }
}
</script>
```

上述代码是一个子类组件,在该组件的代码中,首先添加了一个文字为"单击验证"的按钮,再通过"emits"选项,声明一个名称为"submit"的事件。

在事件声明过程中,验证执行事件时传入事件中的"userName"和"userPass"值是否为空,如果为空,则返回 false,否则返回 true。

然后,当单击按钮时,调用 $ emit 方法执行声明的事件并暴露给调用的父组件,该方法的第一个参数为已声明的事件名称;第二个参数为在事件触发时,向父组件传入的子组件数据,这些数据在传入时,将会进行有效性验证。

最后,当父组件在触发声明的"submit"事件时,如果传入值验证不成功,将会在控制台输出"Invalid event arguments"字样的提示信息。

6.4.3 事件监听和传参

组件事件的监听是指当子组件声明的事件被执行时,调用它的父组件就捕获到了它的执行动作和事件数据,而要实现这种监听的效果,父组件必须绑定子组件中声明的事件,才能完成事件监听的效果,实现代码如下。

```
< template >
    < div >
        < login - item @ submit = "mySubmit" ></ login - item >
    </ div >
</ template >
< script >
import LoginItem from './LoginItem.vue'
export default {
    components: {
        LoginItem
    },
    methods: {
        mySubmit(data) {
            console.log(data)
        }
    }
}
</ script >
```

在上述加粗代码中,父组件可以使用@或 v-on 方式监听子组件声明的事件,当事件触发时,可以通过自定义的事件函数,获取触发时传入的数据,如上述代码中名称为mySubmit 函数中的 data 值,就是子组件向父组件传入的参数。

小结

　　本章先从组件的定义讲起,再介绍组件的使用,包含它的注册方式和命名规则,最后再详细说明组件中属性和事件的定义过程,并介绍它们验证和传参的方法,为第 7 章中组件间的相互传参打下扎实的理论基础。

第 7 章

视频讲解

组件传参

本章学习目标

- 理解和掌握父与子组件之间相互传参的方法。
- 掌握两个独立组件之间相互传参的流程和方法。
- 理解父子间组件 slot 方式传参的过程和原理。

7.1 父组件向子组件传参

Vue 框架中的核心是组件,在页面视图中,大部分的功能和效果都是通过组件来完成的,为了便于功能的复用,又会提取出公共组件;当一个组件去调用公共组件时,它就是父组件,而此时的公共组件就是子组件,那它们是如何传参的呢?下面进行详细介绍。

7.1.1 父组件向子组件传参说明

在 Vue 中,如果父组件向子组件传递数据,可以借助子组件的属性(prop),携带父组件传入的数据;如果子组件向父组件传递数据,则可以借助子组件的自定义事件(event)向父组件发送子组件的数据,因此父子间相互传递数据的示意图如图 7-1 所示。

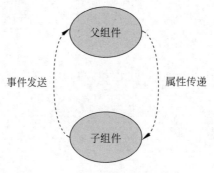

图 7-1 父子组件间传参方向

7.1.2 父组件向子组件传参实例

为了更好地说明父组件向子组件传参的过程,接下来通过一个完整的实例来进行演示。

实例 7-1　父组件向子组件传参

1. 功能描述

分别新建两个组件,一个名为 Parent,另一个名为 Child,前者调用后者,形成父子组件关系。在 Parent 组件中添加一个文本输入框元素,并双向绑定一个变量,当在文本框中输入值时,改变变量的值,并将该值传入 Child 组件并显示在该组件的视图元素中。

2. 实现代码

在项目的 components 文件夹中,添加一个名为"Parent"的. vue 文件,该文件的保存路径是"components\ch7\part1\",在文件中加入如代码清单 7-1 所示代码。

代码清单 7-1　Parent. vue 代码

```
<template>
    <div class = "iframe">
        <span>父组件:</span>
        <input v - model = "name" placeholder = "请输入用户名" />
    </div>
    <!-- 在父组件中调用子组件 -->
    <Child :inputName = "name" />
</template>
<script>
import Child from "./Child.vue"
export default {
    data(){
        return{
            name:""
        }
    },
    components:{
        Child
    }
}
</script>
<style>
    .iframe{
        width: 260px;
        display: flex;
        align - items: center;
        padding: 8px;
        border: solid 1px #ccc;
    }
    .iframe input{
        padding: 8px;
    }
    .iframe:last - child{
        border - top: none;
        padding: 16px 8px;
        background - color: #eee;
    }
</style>
```

在父组件中,导入并注册了一个名称为 Child 的子组件,它的功能是通过自定义的属性接收从父组件中传入的参数,并将其显示在视图模块中,它的代码如代码清单 7-2 所示。

代码清单 7-2　Child. vue 代码

```
< template >
    < div class = "iframe">
        < span >子组件: </ span >
        < span >{{ inputName }}</ span >
    </ div >
</ template >
< script >
export default {
    props: {
        inputName: {
            type: String,
            required: true
        }
    }
}
</ script >
```

3. 页面效果

保存代码后,页面在 Chrome 浏览器下执行的效果如图 7-2 所示。

图 7-2　父组件向子组件传入参数并显示在页面中

4. 源码分析

在父组件 Parent 的源码中,为了在视图中能像标签一样使用子组件,首先通过 import 方式导入 Child 组件,然后使用 components 选项声明导入的 Child 组件,完成这两步操作后,就可以在视图中像标签一样式使用导入的 Child 子组件了。

在被父组件导入的 Child 组件源码中,为了能接收父组件传入的数据,使用 props 选项,自定义了一个名称为"inputName"的字符型必填属性,并将该属性的值使用双大括号绑定的格式输出到页面元素中。

当父组件在视图中添加子组件时,通过动态绑定的方式向自定义的"inputName"属性传入文本框中的动态值,子组件的属性接收该值后,直接显示在该组件的视图元素中,从而最终实现父组件通过子组件自定义的属性传入参数的过程。

7.2 子组件向父组件传参

在父组件中,如果需要获取子组件中的数据,有两种方式:一种是在子组件中自定义事件,父组件绑定该事件,当触发自定义事件时,向父组件传入参数;另一种是先通过 ref 属性给子组件命名,然后在父组件中就可以调用 $refs 对象,访问命名的子组件中的数据。

7.2.1 子组件自定义事件传参

父组件通过绑定子组件中自定义的事件,在触发的事件中,获取传入的数据,这种方式是子组件向父组件传参的重要方式。下面通过一个实例来演示它实现的过程。

实例 7-2 子组件向父组件传参

1. 功能描述

在实例 7-1 的基础之上,向子组件的视图中添加一个"长度"按钮,当单击该按钮时,获取父组件传入数据的长度,并通过自定义的事件,将该长度值传递给父组件,父组件接收该值后,显示在页面中。

2. 实现代码

在项目的 components 文件夹中,添加一个名为"Parent"的 .vue 文件,该文件的保存路径是"components\ch7\part2\",在文件中加入如代码清单 7-3 所示代码。

代码清单 7-3　Parent.vue 代码

```
<template>
    <div class = "iframe">
        <div class = "i - left">
            <span>父组件:</span>
            <input v - model = "name" placeholder = "请输入用户名" />
        </div>
        <div class = "i - right">
            {{ len }}
        </div>
    </div>
    <!-- 在父组件中调用子组件 -->
    <Child :inputName = "name" @getLength = "onGetLength" />
</template>
<script>
import Child from "./Child.vue"
export default {
    data() {
        return {
            name: "",
            len: 0
        }
    },
    components: {
        Child
```

```
        },
        methods: {
            onGetLength(data) {
                this.len = data
            }
        }
    }
</script>
<style>
.iframe {
    width: 300px;
    display: flex;
    justify-content: space-between;
    align-items: center;
    padding: 8px;
    border: solid 1px #ccc;
}

.i-left {
    display: flex;
    align-items: center;
}

.iframe input {
    padding: 8px;
}

.iframe:last-child {
    border-top: none;
    padding: 16px 8px;
    background-color: #eee;
}
</style>
```

在父组件中,导入并注册了一个名为 Child 的子组件,它的功能是通过自定义的事件向父组件传递数据,并将该数据显示在视图模块中,它的代码如代码清单 7-4 所示。

代码清单 7-4　Child.vue 代码

```
<template>
    <div class="iframe">
        <div class="i-left">
            <span>子组件: </span>
            <span>{{ inputName }}</span>
        </div>
        <div class="i-right">
            <button @click="onGetLength">长度</button>
        </div>
    </div>
</template>
<script>
export default {
```

```
    props: {
        inputName: {
            type: String,
            required: true
        }
    },
    emits: ["getLength"],
    methods: {
        onGetLength() {
            this. $ emit("getLength", this.inputName.length)
        }
    }
}
</script>
```

3. 页面效果

保存代码后，页面在 Chrome 浏览器下执行的效果如图 7-3 所示。

图 7-3　子组件自定义事件向父组件传参

4. 源码分析

在子组件 Child 的源码中，为了能向父组件传递参数，先在"emits"选项中定义一个名为"getLength"的事件，当单击"长度"按钮时，执行该事件，同时，将 inputName 数据的长度值作为事件携带的参数。

在父组件 Parent 的源码中，为了能接收到子组件传入的参数，则在调用子组件时，绑定自定义的"getLength"事件，并在事件执行时，获取携带的参数值，并将该值作为变量，绑定到视图的元素中，从而最终实现子组件向父组件传参的过程。

需要说明的是，自定义事件携带的参数可以是一个变量，也可以是一个对象，如果需要传递多项数据，则可以借助对象的形式向父组件传递。

7.2.2　访问子组件对象中的数据

父组件除了绑定子组件的自定义事件获取传入的参数外，还可以直接访问通过 ref 属性命名后的子组件，并获取到子组件中的数据。下面通过一个实例来演示它实现的过程。

实例 7-3　父组件访问子组件对象中数据

1. 功能描述

在实例 7-1 的基础之上,向父组件添加一个"取值"按钮,当单击该按钮时,直接访问子组件对象中的"name"属性值,并将它赋值给父组件的变量,同时显示在视图中。

2. 实现代码

在项目的 components 文件夹中,添加一个名为"Parent"的. vue 文件,该文件的保存路径是"components\ch7\part3\",在文件中加入如代码清单 7-5 所示代码。

代码清单 7-5　Parent. vue 代码

```html
<template>
    <div class = "iframe">
        <div class = "i - left">
            <span>父组件: </span>
            <span>{{ name }}</span>
        </div>
        <div class = "i - right">
            <button @click = "onGetName">取值</button>
        </div>
    </div>
    <!-- 在父组件中调用子组件 -->
    <Child ref = "retNameChild" />
</template>
<script>
import Child from "./Child.vue"
export default {
    data() {
        return {
            name: ""
        }
    },
    components: {
        Child
    },
    methods: {
        onGetName() {
            this.name = this. $ refs.retNameChild.name;
        }
    }
}
</script>
<style>
.iframe {
    width: 300px;
    display: flex;
    justify - content: space - between;
    align - items: center;
    padding: 16px 8px;
    border: solid 1px #ccc;
}
```

```
.i-left {
    display: flex;
    align-items: center;
}

.iframe:last-child {
    border-top: none;
    background-color: #eee;
}
</style>
```

在父组件中,导入并注册了一个名称为 Child 的子组件,它的功能是向父组件提供数据源,为父组件提供一个名称为"name"的可访问变量,它的代码如代码清单 7-6 所示。

代码清单 7-6   Child.vue 代码

```
<template>
    <div class="iframe">
        <div class="i-left">
            <span>子组件:</span>
            <span>{{ name }}</span>
        </div>
    </div>
</template>
<script>
export default {
    data() {
        return {
            name: "陶国荣"
        }
    }
}
</script>
```

3. 页面效果

保存代码后,页面在 Chrome 浏览器下执行的效果如图 7-4 所示。

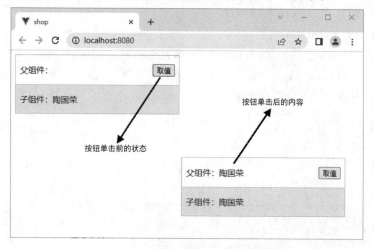

图 7-4 父组件访问子组件对象中数据

4. 源码分析

在父组件 Parent 源码中,为了能直接访问到子组件,则向子组件添加了一个名称为"ref"的属性,并设置该属性值为"retNameChild"。完成该项设置后,父组件则可以通过该属性值直接访问到子组件,并获取到它定义的数据。

在子组件 Child 源码中,为了给父组件提供数据源,定义了一个名称为"name"的变量,并赋值为"陶国荣",则父组件可以通过 this.＄refs.retNameChild.name 代码,获取到子类组件定义的"name"变量值,并将该值显示在视图元素中。

需要说明的是,＄refs 对象必须在组件渲染完成后才能被获取,并且它不支持响应式,因此,应当避免在计算属性中使用＄refs 对象,它只是一个用于操作子组件的方案。

7.3 组件之间传参

与父子间传参不同,组件之间的传参需要采用全局组件通信方案,在个方案下的任意组件,不管是父子、兄弟还是祖先关系,都可以进行传参通信,而要完成这个方案,则依赖于全局事件总线,由它来完成全局组件通信的过程。

7.3.1 全局事件总线

全局事件总线,又简称为"EventBus",是用于全局范围内通信的一种常用方案,它的特点是简单、灵活和轻量级,在中小型方案中,优先推荐该方案。在 Vue 2 和 Vue 3 中,EventBus 的实现结构不同。

1. Vue 2 中的 EventBus

(1) 在 Vue 2 中,通常在项目中添加一个名为 Bus.js 的文件,在文件中导出一个新的 Vue 实例即可,如以下代码所示。

```
import Vue from 'vue'
export default new Vue()
```

(2) 然后在各个组件中,引入 Bus.js 文件,通过＄emit 定义传递的事件和参数,使用＄on 传递监听事件,并获取传入的参数。

2. Vue 3 中的 EventBus

(1) 由于在 Vue 3 中移除了＄emit、＄on 这几个事件 API,因此无法像 Vue 2 一样导出一个 Vue 实例化对象,根据官方推荐,可以借助第三方插件 mitt 来实现。

(2) 首先,安装 mitt 插件,代码如下。

```
npm install -- save mitt
```

(3) 然后,在项目中创建一个名称为 Bus.js 的文件,在该文件代码中实例化一个 mitt 对象,并导出该对象,实现的代码如下。

```
import mitt from 'mitt'
export default mitt()
```

（4）最后，在项目任意组件中导入 Bus.js 文件，调用 mitt 对象中的 emit 和 on 方法，分别实现事件绑定和接收事件传参的功能。

7.3.2　组件之间传参

接下来，使用安装好的第三方插件 mitt，结合一个完整的实例，来演示任意组件之间如何实现参数传递的过程。

实例 7-4　任意组件之间传参

1. 功能描述

在一个主页面中添加两个并列组件 A 和 B，在组件 A 的文本框中输入内容时，通过插件 mitt，将输入的内容传递给组件 B，组件 B 接收传入值后，显示在视图中。

2. 实现代码

在项目的 components 文件夹中，添加一个名为"Index"的.vue 文件，该文件的保存路径是"components\ch7\part4\"，在文件中加入如代码清单 7-7 所示代码。

代码清单 7-7　Index.vue 代码

```
<template>
    <CompA />
    <CompB />
</template>
<script>
import CompA from "./CompA.vue"
import CompB from "./CompB.vue"
export default {
    components: {
        CompA,
        CompB
    }
}
</script>
<style>
.iframe {
    width: 300px;
    display: flex;
    justify-content: space-between;
    align-items: center;
    padding: 16px 8px;
    border: solid 1px #ccc;
}

.iframe input {
    padding: 8px;
}

.i-left {
    display: flex;
    align-items: center;
```

```
    }
    .iframe:last - child {
        border - top: none;
        background - color: #eee;
    }
</style>
```

在父组件中,分别导入并注册了两个名称为 CompA 和 CompB 的子组件,其中,组件 CompA 的功能是在文本框中输入内容时,绑定 input 事件,将输入的内容通过 mitt 插件,传递到指定的事件中,它的代码如代码清单 7-8 所示。

代码清单 7-8　CompA.vue 代码

```
< template >
    < div class = "iframe">
        < div class = "i - left">
            < span >组件 A: </ span >
            < input v - model = "name"
            @ input = "onInputName"
            placeholder = "请输入用户名" />
        </ div >
    </ div >
</ template >
< script >
import Bus from "./Bus"
export default {
    emits: ["inputName"],
    data() {
        return {
            name: ""
        }
    },
    methods: {
        onInputName() {
            Bus.emit("inputName", this.name)
        }
    }
}
</ script >
```

另一个组件 CompB 的功能是在钩子函数 mounted 中,通过插件 mitt 绑定自定义的事件,当事件触发时,获取事件传递的参数,并显示在视图中,它的代码如代码清单 7-9 所示。

代码清单 7-9　CompB.vue 代码

```
< template >
    < div class = "iframe">
        < div class = "i - left">
            < span >组件 B: </ span >
            < span >{{ name }}</ span >
```

```
            </div>
        </div>
    </template>
    <script>
    import Bus from "./Bus"
    export default {
        data() {
            return {
                name: ""
            }
        },
        mounted() {
            Bus.on("inputName", data => {
                this.name = data;
            })
        }
    }
    </script>
```

无论是 CompA 还是 CompB,都导入了第三方插件 mitt,并实例化一个 mitt 对象的
Bus 文件,它的代码如代码清单 7-10 所示。

代码清单 7-10　Bus.vue 代码

```
import mitt from 'mitt'
export default mitt()
```

3. 页面效果

保存代码后,页面在 Chrome 浏览器下执行的效果如图 7-5 所示。

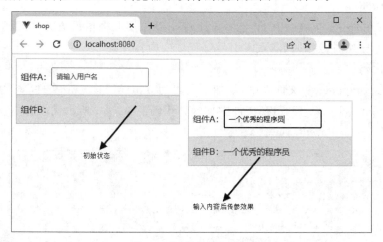

图 7-5　任意组件间传参

4. 源码分析

在本实例中,由于 Vue 3 已不支持实例对象绑定 $emit 和 $on 方法,因此,首先安装第
三方插件 mitt 来替代。安装完成后,创建一个公共的模块文件 Bus.js,在该文件中,导入安
装完的 mitt,并实例化一个 mitt 对象,最后导出该对象,便于后续的使用。

在组件 CompA 中,调用 mitt 对象中的 emit 方法,自定义一个事件 inputName,并将需要传出的参数绑定到事件中,一旦触发该事件,就可以在事件中获取参数。

在组件 CompB 中,再次调用 mitt 对象中的 on 方法,绑定组件 CompA 中自定义的事件,并将事件传入的数据显示在页面中。

当在组件 CompA 中的文本框中输入内容时,触发绑定的 inputName 事件,此时,组件 CompB 中获取传入的参数,显示在页面中,最终实现并列组件传参的效果。

需要说明的是,Bus.js 文件可以导入任意的组件中,因此,只要绑定了 inputName 事件,就可以获取到事件触发时传入的数据。

7.4 slot 传参

slot 又称插槽,它是在子组件中为父组件提供的一个占位符,使用< slot ></slot >来表示,通过这个占位符,父组件可以向< slot ></slot >中填充任意的内容代码,这些代码将自动替换占位符的位置,从而轻松实现在父组件中控制子组件内容的需求。

7.4.1 作用域插槽

插槽分为三种,分别为匿名插槽、具名插槽和作用域插槽,与前两种只能各自访问自己组件的内容不同,作用域插槽可以在父组件中访问到子组件的内容,使用非常灵活。

接下来,结合一个完整的实例需求,来演示在作用域插槽中,父组件如何访问和过滤子组件传入的参数。

实例 7-5 作用域插槽传参

1. 功能描述

在一个父组件中,添加一个子组件,子组件中以作用域插槽的方式为父组件提供数据源,父组件显示子组件数据时,隐藏索引号等于 0 的内容。

2. 实现代码

在项目的 components 文件夹中,添加一个名为"Parent"的.vue 文件,该文件的保存路径是"components\ch7\part5\",在文件中加入如代码清单 7-11 所示代码。

代码清单 7-11 Parent.vue 代码

```
<template>
    <child>
        <template v-slot:header = "slotProps">
            <div class = "info" v-show = "slotProps.index != 0">
                {{ slotProps }},
                姓名--{{ slotProps.item }},
                序号--{{ slotProps.index }}
            </div>
        </template>
    </child>
</template>
<script>
```

```
import Child from "./Child.vue"
export default {
    components: {
        Child
    }
}
</script>
<style scoped>
.info{
    margin: 10px 0;
    padding: 5px 0;
    width: 400px;
    border-bottom: solid 1px #ccc;
}
</style>
```

在父组件中导入子组件 Child.vue 文件,它的功能是将遍历后的数组项,以插槽的方式作为父组件显示的数据源,它的代码如代码清单 7-12 所示。

代码清单 7-12   Child.vue 代码

```
<template>
    <div v-for="(item, index) in arr" :key="index">
        <slot :item="item" name="header" :index="index">
        </slot>
    </div>
    <button @click="add">增加</button>
</template>
<script>
export default {
    data(){
        return{
            arr:["张明明","李小华","王忠远"]
        }
    },methods:{
        add(){
            this.arr.push("陶国荣")
        }
    }
}
</script>
```

3. 页面效果

保存代码后,页面在 Chrome 浏览器下执行的效果如图 7-6 所示。

4. 源码分析

在本实例的子组件 Child 源码中,为了使父组件 Parent 能直接访问传入的数据源,首先,借助插槽 slot 标签向父组件传入数据,并以标签属性 prop 的形式,向父组件暴露可以访问的属性名,当父组件使用 template 标签替换 slot 标签时,就可以调用 template 中 v-slot 属性直接获取子组件传入的数据,并对数据执行过滤操作。

需要说明的是,通过 template 标签中 v-slot 属性获取的是一个对象,它包含 slot 标签

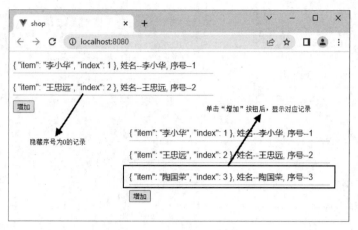

图 7-6　作用域插槽传参

中全部暴露传入的属性内容,因此,如果想获取某个内容属性值时,需要采用对象名.属性名的形式获取到单个传入的属性值。

7.4.2　动态插槽

父组件不仅可以通过插槽方式访问并控制子组件传入的数据,而且可以控制传入父组件时插槽的名称,从而使不同的插槽根据名称的不同,使用不同的场景。例如,在一个小区详细页中,可以根据小区类型,调用不同名称的详细页插槽,这种插槽就是动态插槽。

接下来,结合一个完整的实例来演示使用动态插槽,实现一个 tab 选项卡的功能。

实例 7-6　动态插槽应用

1. 功能描述

在一个父组件中添加一个子组件,子组件中是各种不同名称的 slot 插槽,当单击父组件选项卡标签时,就选中了一个插槽的名称,则在内容中显示对应名称的插槽。

2. 实现代码

在项目的 components 文件夹中,添加一个名为"Parent"的.vue 文件,该文件的保存路径是"components\ch7\part6\",在文件中加入如代码清单 7-13 所示代码。

代码清单 7-13　Parent.vue 代码

```
<template>
    <ul>
        <li :key = "index" v - for = "item,index in tabs"
        :class = "{ 'focus': index == sIdx }"
        @click = "clk(item.sName, index)">
        {{ item.title }}
        </li>
    </ul>
    <child>
        <template #[sName]>
            <div class = "content">
                {{ tabs[sIdx].content }}
            </div>
```

```
            </template>
        </child>
</template>
<script>
import Child from "./Child.vue"
export default {
    data() {
        return {
            tabs: [{
                sName: "s1",
                title: "新闻",
                content: "新闻内容很丰富"
            }, {
                sName: "s2",
                title: "热点",
                content: "热点事件也不少"
            }, {
                sName: "s3",
                title: "图片",
                content: "图片资讯更精彩"
            }],
            sName: "s1",
            sIdx: 0
        }
    },
    methods: {
        clk(n, i) {
            this.sName = n;
            this.sIdx = i
        }
    },
    components: {
        Child
    }
}
</script>
<style scoped>
ul {
    padding: 0;
    margin: 0;
    list-style: none;
    display: flex;
    justify-content: space-around;
    width: 300px;
    border: solid 1px #ccc;
}

ul>li {
    padding: 8px;
    cursor: pointer;
    width: 84px;
    text-align: center;
}

ul .focus {
```

```
        background - color: #ccc;
        font - weight: 700;
    }

    .content {
        width: 260px;
        border: solid 1px #ccc;
        border - top: none;
        padding: 20px;
    }
</style>
```

在父组件中,导入子组件 Child.vue 文件,它的功能是为父组件提供各类名称的模板,
父组件根据 slot 插槽的 name 属性值就可以动态加载,它的代码如代码清单 7-14 所示。

代码清单 7-14 Child.vue 代码

```
<template>
    <div v - for = "(item, index) in names" :key = "index">
        <slot :name = "item"></slot>
    </div>
</template>
<script>
export default {
    data() {
        return {
            names: ["s1","s2","s3"]
        }
    }
}
</script>
```

3. 页面效果

保存代码后,页面在 Chrome 浏览器下执行的效果如图 7-7 所示。

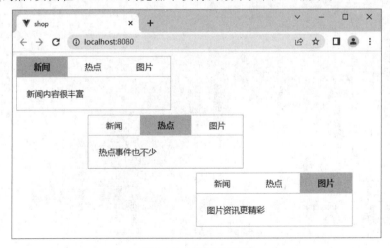

图 7-7 动态插槽应用

4. 源码分析

在本实例的子组件 Child 源码中,向父组件提供了多个不同 name 的 slot 插槽,供父组件中 template 元素使用,使用的方法是在模板中添加♯符号,符号后面是 slot 插槽的名称,由于该名称是一个动态的变量 sName,因此需要使用[]方括号进行包裹。

在父组件中,当用户单击某个导航栏选项时可以在单击事件中获取到对应的 slot 插槽名称和索引号,则将名称传给变量 sName,使父组件中 template 元素替换 sName 名称的插槽;索引号传给变量 sIdx,通过 sIdx 值获取到对应的数组内容,并显示在插槽中。

小结

本章首先从父组件向子组件传参方法讲起,并结合实例的方式,详细说明父组件与子组件之间传参实现过程,然后采用概念说明和实例开发相结合的方式,阐述了两个独立组件之间传参的方法,最后借助实例开发,详细介绍了 slot 方式传参的方法和实现方案。

第 < 8 > 章

视频讲解

路 由 实 现

本章学习目标
- 理解和掌握路由基本配置的方法和过程。
- 掌握路由间传参和接收参数的方法。
- 理解路由重定向和守卫配置方法和过程。

8.1　路由介绍

在传统的 Web 页面开发过程中,可以借助超级链接标签实现站内多个页面间的相互跳转,而在现代的工程化、模块化下开发的 Web 页面只有一个,在一个页面中需要实现站内各功能页面渲染,相互跳转,这些功能的实现,都需要依赖路由来完成。

8.1.1　基本配置

在 Vue 3 中,配置路由之前需要先安装路由,并且安装的版本必须是 4.0 以上,因此,在 vue-cli 中,通过下列命令来安装路由模块。

```
npm install - g vue - router@4.1.6
```

上述命令中,-g 表示全局安装,@可以指定安装模块的版本号。

图 8-1　路由配置文件的
目录结构

路由模块安装成功后,接下来就可以配置路由,配置的方法是:先在项目的 src 文件夹下添加一个名称为 router 的新文件夹,并在该文件夹中添加一个名称为 index 的 js 文件,作为路由模块的配置文件,目录结构如图 8-1 所示。

与 Vue 2 一样,路由的管理通常都在 src\router 目录下,如果路由配置不多,则只需要一个 index.js 文件来管理,如果是 Vue 2,则在该文件中加入如代码清单 8-1 所示代码。

代码清单 8-1　index.js 代码

```
import VueRouter from 'vue - router'
const routes = [
  //...
```

```
]
const router = new VueRouter({
    mode: 'history',
    base: process.env.BASE_URL,
    routes,
})
export clefault
router
```

在上述代码中,通过 new 的方式实例化一个路由对象,并且在实例化对象时,使用 mode 选项配置访问路径模式,base 选项设置 history 模式下,路由切换时的基础路径;而在 Vue 3 中,简化了创建路由时的配置项,如代码清单 8-2 所示。

代码清单 8-2 index.js 代码

```
import { createRouter, createWebHistory } from 'vue - router'
const routes = [
  //...
]
const router = createRouter({
    history: createWebHistory(process.env.BASE_URL),
    routes
})
export default router
```

在上述代码中,通过 createRouter 函数来创建一个新路由对象,在创建对象时,使用 history 来代替 Vue 2 中的 mode 选项,同时合并了 base 选项,将 base 选项的值作为模式函数 createWebHistory 的参数传入。

需要说明的是,路由的访问模式分为两种: hash 和 history。前者模式访问路径带 ♯号,支持所有的浏览器,如"http://abc.com/♯/list";而后者模式访问路径不带♯号,并且只有主流的浏览器支持,同时,还需要后端做相应的配置,如"http://abc.com/list"。

此外,如果项目不是部署在根目录下,而是二级、三级目录中,那么就必须通过 base 选项来指定具体的目录,否则,路由在切换时将会报错。base 选项默认值是"/",表示在根目录下部署,该值也可以设置为相对路径,如". /",这样就可以部署在任意目录下。

注意:如果项目比较复杂,路由比较多,则需要在 router 文件夹中再添加一个 routes. js 文件,用于管理各模块的路由配置。

8.1.2 路由树配置

一个配置路由的文件由导入路由模块、创建路由对象和导出路由对象三部分组成,在创建路由对象时,需要构建路由数组,路由数组中包括一级、二级和多级路由结构,因此,这种结构的路由配置,又称为路由树配置。

1. 一级路由结构

一级路由是指在路由地址中只有一个路径,则称为一级路由,如以下地址所示。

```
http://abc.com/list
```

这种一级路由结构在路由数组中的配置如以下代码所示。

```
//导入组件
import List from '../views/list.vue'
//配置组件对应路径
const routes = [
    {
        path: '/list',
        name: 'list',
        component: List
    }
]
```

在上述代码中,routes 是一个路由数组对象,对象中包括各种组件对应路径的关系,其中,path 属性表示组件对应的路由地址,是必填项;name 属性表示路由的名称,是非必填项,如果添加后,可以通过 name 值来代替 path 值进行路由的跳转。

component 属性则表示地址对应的组件,它接收一个变量,变量的值就是已经导入的模板组件,如上述代码中的 List 组件,由于它是先导入后引用的方式,称为同步组件,如果这种方式的组件过多,会影响到浏览器加载首屏的速度。

为了解决这个问题,推荐使用异步组件加载,即 component 属性接收一个函数,当函数执行时通过 return 语句返回指定的组件,这种方式返回的组件在代码打包时会自动生成独立的文件,当访问对应路由地址时,进行按需加载,从而优化浏览器加载组件的速度。

因此,为了实现异步加载组件,上述代码则修改成如下内容。

```
//配置组件对应路径
const routes = [
    {
        path: '/list',
        name: 'list',
        component: () => import("../views/list.vue")
    }
]
```

2. 多级路由结构

在 Vue 路由数组中,允许配置多级的路由对象结构,可以是二级、三级或者更多级别,最大级别原则上没有限制,但通常最大的是三级或四级,这种路由结构,称为多级路由。

例如,一级路由地址/list,打开的是一个学校列表组件。列表中又有年级链接,则年级的链接路由为/list/grade,这个年级路由则为二级路由。如果年级组件中又存在班级链接,则班级的链接路由为/list/grade/class,这个班级的路由则为三级路由。

多级路由结构的配置严格遵循 JSON 格式中父子之间的层级关系,子结点通过父结点中的 children 属性向下进行配置,但在配置子类路由时,path 路径中不能使用"/"符号开头,否则,子类路由将会以一级路由形式查找组件。

为了更好地说明多级路由配置的过程,接下来通过一个完整的实例来进行演示。

实例 8-1 多级路由配置

1. 功能描述

在首页中单击"学校首页"链接,则路径为/list,并进入列表页;在列表页中,单击"进入年级"链接,则路径为/list/grade,并进入年级页;在年级页中,单击"进入班级"链接,则路径为/list/grade/cls,并进入班级页,并显示班级页中的内容。

2. 实现代码

在项目的 views 文件夹中,分别添加三个名为"list""grade""cls"的. vue 文件,作为用户路由跳转时对应的组件,并在文件中分别加入如代码清单 8-3～代码清单 8-5 所示代码。

代码清单 8-3 list. vue 代码

```
<template>
    <div>
        <nav>首页 > 列表</nav>
        <a href = "/list/grade">进入年级</a>
        <router - view></router - view>
    </div>
</template>
```

代码清单 8-4 grade. vue 代码

```
<template>
    <div>
        <nav>首页 > 列表 > 年级</nav>
        <a href = "/list/grade/cls">进入班级</a>
        <router - view></router - view>
    </div>
</template>
```

代码清单 8-5 cls. vue 代码

```
<template>
    <div>
        <nav>首页 > 列表 > 年级 > 班级</nav>
        <div>我是一名班级学生</div>
    </div>
</template>
```

为了实现多级路由跳转的功能,需要修改已完成基本配置的路由对象,先在 src 目录中添加一个名称为 router 的文件夹,并在文件夹中添加一个名为 index 的. js 文件,加入如代码清单 8-6 所示的代码。

代码清单 8-6 index. js 代码

```
import { createRouter, createWebHistory } from 'vue - router';

//配置组件对应路径
const routes = [
```

```
        {
            path: '/list',
            name: 'list',
            component: () => import('../views/list.vue'),
            children: [
                {
                    path: 'grade',
                    name: 'grade',
                    component: () => import('../views/grade.vue'),
                    children: [
                        {
                            path: 'cls',
                            name: 'cls',
                            component: () =>
                                    import('../views/cls.vue')
                        }
                    ]
                }
            ]
        }
    ]
const router = createRouter({
    history: createWebHistory(process.env.BASE_URL),
    routes
})
export default router
```

创建并导出路由对象后,还需要将该对象挂载到新建的 App 应用中,因此,需要将入口文件 main.js 进行如代码清单 8-7 所示的修改。

代码清单 8-7 main.js 代码

```
import { createApp } from 'vue'
import App from './App.vue'
import Global from './components/ch6/Global'
import router from './router/index'
let app = createApp(App);
app.component("Global", Global);
app.use(router);
app.mount('#app')
```

3. 页面效果

保存代码后,页面在 Chrome 浏览器下执行的效果如图 8-2 所示。

4. 源码分析

需要说明的是,多级路由配置成功后,在对应组件中,一个父层的路由如果需要加载子层路由的组件,必须在父层组件中添加一个 router-view 标签来实现,有多少层嵌套,就需要有多少个 router-view 标签来一一对应,否则,多层配置的路由组件无法显示。

根据上述描述,在实例的组件代码中,list 组件需要加载子路由对应的 grade 组件,则添加了一个 router-view 标签,grade 组件需要加载子路由对应的 cls 组件,则也添加了一个名

图 8-2 多级路由配置

为 router-view 的标签,子路由对应的组件就是通过这个标签加载的。

当然,如果不想显示全部加载的子路由组件,也可以根据不同路由地址的结构,通过显示和隐藏的方式来动态显示对应的子路由组件。

8.2 路由传参

在 Vue 3 中,由于没有实例化对象 this,因此,无法通过 this 去访问 $route 对象,而是通过导入一个名为 useRouter 的方法,执行这个方法后,返回一个路由对象,通过这个路由对象就可以获取到当前路由中的信息,包括参数的读取,接下来进行详细说明。

8.2.1 路由跳转

除了通过 a 标签进行路由跳转之外,还可以使用 router-link 标签实现跳转功能,它是一个全局的组件,可以直接在 template 中使用,无须导入,编译后自动转成一个 a 标签。但它的功能比 a 标签更加灵活,直接在当前页中进行路由跳转,不会刷新页面,代码如下。

```
< router - link to = "/list">学校首页</router - link >
```

它等价于如下代码。

```
< a href = "/list">学校首页</a >
```

除使用超级链接标签进行路由跳转外,还可以在代码中,通过路由对象 router 进行页面之间的相互跳转,如以下代码所示。

```
< div @click = "router.push({name:'list'})">
    学校首页
</div >
```

其中,router 对象必须先导入,再调用,才能在模板中直接使用,代码如下。

```
import {useRouter} from "vue - router"
export default {
  name: "App",
  data(){
    return{
      router:useRouter()
    }
  }
}
```

注意:从路由模块中导入的必须是 useRouter 方法,只有在调用这个方法之后的 router 对象中才可以使用 push 方法。push 方法的本质是向当前的路由栈中再添加一个新的路由记录,并根据这个记录进行路由切换,从而实现页面跳转的功能。

8.2.2　带参数跳转

在路由跳转时,还可以携带参数进入目标页,跳转标签和方式不同,携带参数的格式也不一样。如果是一个 a 标签携带参数跳转,那么它的携带参数的格式如以下代码所示。

```
< a href = "/list?gradeId = 1001">一年级</a>
```

上述代码采用查询字符串方式携带参数,即问号后携带参数,还可以在路径中使用配置项指定的格式携带参数,如以下代码所示。

```
< a href = "/list/1001">一年级</a>
```

上述代码中,/1001 是配置时指定的格式,1001 是一个名为 gradeId 的变量值,这个带参数跳转方式需要在路由配置中设置,代码如下。

```
{
    path: '/list/:gradeId',
    name: 'list2',
    component: () => import('../views/list.vue')
}
```

在上述代码中,path 属性设置路径时,可以通过变量 gradeId 带参数跳转,这样设置后,在目标页中,就可以通过路由对象中的 params.gradeId 格式获取到携带的参数。

除使用 a 标签携带参数跳转外,还可以使用 router-link 和其他标签携带参数跳转。如果是 router-link,那么,它的跳转格式如以下代码所示。

```
< router - link :to = "{
  name: 'list2',
  params: {
    gradeId: 1001
  }}">一年级</router - link >
```

如果是其他的元素,由于没有 to 或 href 属性,只能调用单击事件进行携带参数的跳转。上述代码改成 div 标签跳转,则修改后的代码如下。

```
< div @click = "router.push({
  name: 'list2',
  params: {
    gradeId: 1001
  }
})">一年级</div >
```

8.2.3 接收跳转参数

路由携带参数跳转到目标页面后,页面组件可以接收到携带传入的参数,接收的方式与携带的方式相关。如果是采用查询字符串方式携带,那么可以通过路由中的 query 对象获取到参数;如果是其他方式,通常都是通过路由中的 params 对象获取。

下面通过一个实例来演示参数传输和接收实现的过程。

实例 8-2 参数传递和接收

1. 功能描述

新建两个组件,一个用于显示学生列表,对应路由"/stulist";另一个用于显示学生详细信息,对应路由"/dispstu/:id",其中,id 为学生的 id,在学生列表中,当单击姓名时,获取学生 id,并传递到详细页,详细页接收这个 id 值,并显示对应的学生信息。

2. 实现代码

在项目的 views 文件夹中,添加一个名为"stuList"的 .vue 文件,该文件的保存路径是"views/ch8/",在文件中加入如代码清单 8-8 所示的代码。

代码清单 8-8 stuList.vue 代码

```
< template >
    < ul >
        < li @click = "push(stu.id)"
            v - for = "(stu, index) in stus"
            :key = "index">
            {{ stu.name }}
        </li >
    </ul >
</template >
< script >
import { useRouter } from "vue - router";
export default {
    name: "stuList",
    data() {
        return {
            router: useRouter(),
            stus: [
                { id: 10101, name: "张立清" },
                { id: 10102, name: "李明明" },
```

```
                { id: 10103, name: "陈小欢" }
            ]
        }
    },
    methods: {
        push(id) {
            this.router.push({
                name: "dispstu",
                params: {
                    id: id
                }
            })
        }
    }
}
</script>
<style scoped>
ul li {
    cursor: pointer;
}
</style>
```

除显示学生列表信息外,当在列表中单击姓名后,将携带学生的 id 值进入学生详细信息页,它的代码如代码清单 8-9 所示。

代码清单 8-9　dispStu.vue 代码

```
<template>
    <h3>{{ curStu[0].name }}</h3>
    <div>{{ curStu[0].sex }},{{ curStu[0].score }}分</div>
</template>
<script>
import { useRouter } from "vue-router";
export default {
    name: "dispStu",
    data() {
        return {
            router: useRouter(),
            stus: [
                { id: 10101, name: "张立清",
                  sex: "男", score: 70 },
                { id: 10102, name: "李明明",
                  sex: "女", score: 80 },
                { id: 10103, name: "陈小欢",
                  sex: "女", score: 90 }
            ],
            curStu: [{
                name: "",
                sex: "",
                score: ""
            }]
        }
    }
```

```
    },
    mounted() {
        //获取传入的参数
        let _id = this.router.currentRoute.params.id;
        //根据 id 获取用户
        this.curStu = this.stus.filter(item => item.id == _id);
    }
}
</script>
```

此外,由于新增加了两个组件,需要在原有路由配置文件中,再添加这两个组件所对应的 URL 地址,因此,需要向 router 文件夹下的 index.js 中,添加如代码清单 8-10 所示代码。

代码清单 8-10 index.js 增加的代码

```
…省略其余代码
{
    path: '/stulist',
    name: 'stulist',
    component: () => import('../views/ch8/stuList.vue')
},
{
    path: '/dispstu/:id',
    name: 'dispstu',
    component: () => import('../views/ch8/dispStu.vue')
}
…省略其余代码
```

3. 页面效果

保存代码后,页面在 Chrome 浏览器下执行的效果如图 8-3 所示。

图 8-3 参数传递和接收

4. 源码分析

在本实例源码中,为了确保单击学生列表姓名时,可以携带 id 值进行跳转,在配置路由时,必须在 path 属性中声明一个变量,通过这个变量才能携带值进行跳转。而在目标页中,通过访问当前的 router 对象,再访问 params 对象获取到该变量值,如以下代码所示。

```
this.router.currentRoute.params.id
```

注意：如果是通过 URL 中的查询字符串方式传参，目标页在获取参数时，只能通过访问当前 router 对象中的 query 对象获取到传入的参数，代码如下。

```
this.router.currentRoute.query.id
```

8.3　路由其他配置

在路由文件中，除了跳转配置外，还可以进行路径重定向配置，如果没有找到对应的地址，还可以实现 404 的配置，同时，如果某个页面需要权限登录，还可以进行路由守卫配置。接下来，分别对这些配置实现的过程进行详细的介绍。

8.3.1　重定向配置

针对一些已下线的页面和错误的地址，直接访问会出现 404 错误异常，为了避免这种现象，通常会通过重定向配置，指向一个新的页面地址，或者跳转到首页，代码如下。

```
{
    path: '/error',
    redirect: '/list',
}
```

上述代码添加在 router 配置文件夹下的 index.js 文件中，重定向配置通常只需要配置两个属性就可以，一个是 path，表示原有访问的路径；另一个是 redirect，表示重新指定的路径，这个属性接收三种类型的值，第一种是字符串型，表示新的路径地址，如上述代码所示；第二种是 router 对象型，在对象中可以携带参数进行跳转，代码如下。

```
{
    path: '/error',
    redirect: {
        name: 'list',
        query: {
            from: 'redirect',
        }
    }
}
```

这种类型重定向后，最终跳转的地址为"http://abc.com/list? from＝redirect"，通过这种携带 from 来源参数的方式，可以统计有多少请求来源于重定向方式。

第三种是函数型，通过函数的 return 返回需要跳转的路由地址，根据这种特征，可以在函数中进行登录用户的权限判断，根据不同的权限，返回不同的路由地址，从而实现不同用户进入不同页面的效果，代码如下。

```
{
    path: '/error',
    redirect: () => {
        //从当前登录用户信息中获取角色 Id
        const { roleId } = loginInfo

        //根据不同角色进行跳转
        switch (roleId) {
            //管理员
            case 1:
                return '/admin'

            //普通用户
            case 2:
                return '/home'

            //其他
            default:
                return '/login'
        }
    }
}
```

在上述路由配置代码中,假设 loginInfo 是用户登录后保存的信息对象,并且在对象中还有 roleId 值,则可以根据该值,确定不同的角色,跳转不同的页面。

8.3.2 404 配置

并不是所有的错误访问地址都需要重定向,有时仅是针对原有的、已下架的页面地址做重定向,因为这些地址有可能是从收藏夹中直接访问的。针对那些没有重定向的地址,可以添加一个公用的 404 页面,如果访问出错,就直接跳转到该页面,代码如下。

```
{
    path: '/:pathMatch(.*)*',
    name: '404',
    component: () => import('../views/404.vue'),
}
```

需要说明的是,path 属性中,pathMatch(.*)* 是一个正则表达式,表示全部的路由地址,Vue 3 中不再支持在路由配置中直接使用 * 作为通配符,而支持在正则表达式中使用 * 通配符作为参数。

8.3.3 路由守卫配置

虽然可以通过路由重定向,根据用户角色进入不同的页面,但有的页面在进入时,需要再次检测用户的登录状态,如果没有登录,则返回登录页重新再登录,如果已经登录,则可以进入下一页,这种状态的检测需要配置路由守卫。

路由守卫的配置依赖于路由对象 router 在生命周期中的钩子函数,router 在整个执行过程中有三个钩子函数,它们的功能和执行时机如表 8-1 所示。

表 8-1　router 对象的钩子函数

函 数 名 称	功 能 说 明	执 行 时 机
beforeEach	全局前置守卫	在路由跳转前触发
beforeResolve	全局解析守卫	在导航被确认之前,同时在组件内守卫和异步路由组件被解析之后
afterEach	全局后置守卫	在路由跳转完成后触发

在 router 对象的三个钩子函数中,beforeEach 函数使用最为常用和简单,该函数又称为"路由拦截",因为路由的功能是渲染指定路由地址的组件,而 beforeEach 函数可以在渲染组件之前做检测,当达到了某个条件后再做渲染,否则跳到另一个页面中。

beforeEach 函数在路由配置文件中的使用非常简单,它有两个参数,一个是 to,表示即将进入的路由对象;另一个是 from,表示导航正要离开的对象。如果需要根据路由对象中的登录属性,决定是否需要进行拦截,则路由守卫的配置代码如下。

```
router.beforeEach((to, from) => {
    const { isNoLogin } = to.meta
    if (!isNoLogin) return '/login'
})
```

在上述代码中,如果即将进入的路由对象的 isNoLogin 属性值为 true 时,就可以直接渲染该组件,否则跳转到登录页面。除这种方式外,还可以检测用户登录后保存的用户信息是否存在,如果不存在,则跳转到登录页中,代码如下。

```
router.beforeEach((to, from) => {
    const loginUser = localStorage.getItem("loginUser")
    if (!loginUser) return '/login'
})
```

上述代码中,loginUser 就是从缓存中获取的登录用户对象,如果存在,说明已登录过,否则,跳转到登录页,进行登录。

小结

本章首先从路由树和它的基础配置讲起,通过实战的方式介绍如何配置基础路由和嵌套的路由树结构;然后介绍路由在跳转时可以携带参数,并结合实例的方式,介绍路由如何传参和接收到参数的过程;最后介绍路由的重定向和守卫配置。

第〈9〉章

接口调用

本章学习目标

- 理解和掌握 axios 对象安装的方法。
- 掌握 axios 对象实例创建和配置的过程。
- 理解和掌握使用 axios 对象请求数据的方法。

9.1 接口介绍

　　页面的主要功能是显示和交互数据,因此,页面离不开数据,数据通常由接口提供,通过发送请求访问接口,获取到提供的数据,最终实现数据的显示和交互功能。

　　访问接口的方式又分为两种,一种是同步请求,另一种是异步请求。同步请求发送后,必须等待接收方的响应,才能进入下一步操作,发送和接收的两端只有一个线程来完成,虽然效率高,但用户体验很差,目前很少被开发者使用。

　　而异步请求发送后,无须接收方等待响应,它由多个线程完成,用户体验好,因此,异步请求成为当前页面数据发送的主流方式。而实现异步请求的核心是浏览器支持的请求对象——XMLHttpRequest(XHR),通过它实现数据的请求、发送和接收功能。整个数据请求的过程如图 9-1 所示。

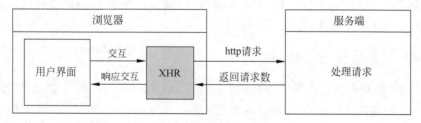

图 9-1　异步数据请求过程

　　在 Vue 3 中,通过安装 axios 模块来实现数据的异步请求和接收。axios 是一个基于 Promise 的网络请求库,可以用于服务端和浏览器中,当用于浏览器时,本质是将 XHR 对象进行了封装,因此,它的核心依然是 XHR 对象。接下来详细介绍该模板的使用。

9.1.1 初识和安装 axios 模块

　　axios 模块可以用于浏览器和 node 框架中。在浏览器中,它创建 XHR 对象,在 node

中它创建 http 请求。它支持 Promise 对象中的 API,可拦截、转换、响应和取消请求,并自动转成 JSON 格式数据,也支持跨站请求伪造,简称"XSRF"。

在 Vue 3 中,如果需要发送异步请求获取数据,通常使用 axios 模块。使用之前必须先安装该模块,可以在指定项目的根目录下局部安装,如在本书项目下,执行如图 9-2 所示指令。

图 9-2 在指定的项目文件夹下局部安装 axios

安装成功后,在项目的 package.json 中,可以查看到安装成功后的模块版本,如图 9-3 所示。

```
"dependencies": {
    "animate.css": "^4.1.1",
    "axios": "^1.4.0",
    "core-js": "^3.6.5",
    "gsap": "^3.10.4",
    "mitt": "^3.0.0",
    "vue": "^3.0.0",
    "vue-router": "^4.1.6"
},
```

图 9-3 package.json 中安装成功后的 axios 版本

当然,除了在项目根目录下的局部安装外,也可以在任意目录下进行全局安装,只需要在安装 axios 模块时,添加一个-g 参数即可,如图 9-4 所示。

```
D:\>npm i axios -g
```

图 9-4 在 D 盘根目录下全局安装 axios

无论是全局安装还是局部安装,只要安装成功,就可以在项目中直接引入 axios 模块,并通过该模块发送异步请求,接收响应数据。

9.1.2 使用 axios 模块

安装 axios 模块的目的是使用该模块发送请求,获取请求返回的数据,使用该模块时,可以传递相关配置项来创建请求,格式有以下几种。

1. axios(config)

上述方法中只有一个 config 配置对象,请求时的全部配置项都可以通过该对象进行配置,包括 url、data、method 等,代码如下。

```
axios({
    method: 'POST',
    url: 'http://api.com',
    data: {
```

```
            firstName: 'tao',
            lastName: 'guorong'
    }
})
```

上述代码将以 POST 方式,向指定的 URL 地址发送两个名称分别为"firstName"和"lastName"的数据,发送后,可以通过链式写法,并调用 then 函数获取发送请求后,服务端响应后返回的数据,代码如下。

```
axios({…省略配置对象内容…}).then(res =>{
    console.log("返回数据",res)
})
```

在上述代码中,then 函数中的 res 对象,就是服务端响应后返回的内容,可以将该内容赋值给组件中的变量,再将变量显示在视图中,则完成视图显示请求数据的功能。

2. axios(url [,config])

上述方法是一种简写的格式,使用这种格式时,默认 method 是 GET 方式,通常只用于以 GET 方式快速请求数据时使用,代码如下。

```
axios('http://api.com').then(res =>{
    console.log("返回数据",res)
})
```

3. 别名请求

为了更加方便开发者的使用,可以直接使用请求的别名来完成请求。在 axios 中,所有支持的请求方法都提供了别名,常用的别名请求代码如下。

```
//以 GET 方式请求数据
axios.get(url[, config]);
//以 POST 方式请求数据
axios.post(url[, config])
//根据请求删除指定数据
axios.delete(url[, config])
//根据配置对象创建一个 axios 实例
axios.create([config])
```

需要说明的是,如果使用了别名,那么,url、method、data 这些属性不需要在配置对象 config 中指定,极大地方便了代码的编写,因此,这种格式也成为主流数据请求的格式。

9.2 全局配置

在 Vue 3 中,由于所有的组件都可能去请求数据,因此,针对 axios 模块的配置应该是全局性的,在进行 axios 模块的全局配置之前,需要了解 axios 实例的创建、配置对象和响应对象的结构内容,接下来分别进行介绍。

9.2.1　创建 axios 实例

虽然在 Vue 3 项目中安装了 axios 模块后,就可以在任意的组件中导入它,并使用它请求数据,但考虑到代码的复用性和后期维护的方便,通常需要创建一个 axios 实例,并配置这个实例,用于整个项目中的全部数据请求,创建 axios 实例的格式如下。

```
//根据配置对象创建一个 axios 实例
axios.create([config])
```

上述格式代码中,config 是一个可选项的配置对象,如果在使用这个实例时,还有指定的配置对象,那么,指定的配置对象将会与实例的配置对象进行合并,并按照配置的优先级来执行。配置对象的优先级执行顺序如图 9-5 所示。

图 9-5　配置对象的优先级

需要说明的是,多个配置对象的属性是合并的,如果在合并过程中,存在相同的属性名称,则按配置对象的优先级来执行。

接下来演示创建一个新 axios 实例的过程。先在 src 目录下创建一个名为 plugins 的子目录,并在子目录下添加一个名为 axios 的 js 文件,并在该文件中加入如下代码。

```
import axios from "axios";

const request = axios.create({
    baseURL: "http://rttop.cn/api",
    timeout: 2000
})
```

在上述代码中,先导入 axios 模块,再调用导入模块中的 create 方法,创建一个自定义的 axios 实例对象。在创建时,配置了 baseURL 属性和 timeout 属性,其中,配置对象中 baseURL 属性值将会自动添加到 url 属性前面,除非 URL 属性是一个绝对路径,通过该属性的配置,为 axios 实例传递了一个全局统一的相对 url 地址。

另外,timeout 属性表示请求超时的时间,单位是 ms,如果请求的时间超过了这个指定的毫秒数,那么请求就会被中断。该属性默认值为 0,表示永不超时。

9.2.2　配置对象结构

无论是创建实例化对象还是发送请求,配置对象都是必须要考虑的内容。在整个 axios 配置对象中,url 属性是必须要填写的,method 属性默认值为 GET 方式,对象中其余常用的属性名称如以下代码所示。

```
{
    baseURL: "http://rttop.cn/api",
    timeout: 2000,
    url: "/",
```

```
    method: "POST",
    transformRequest: [(data, headers) => {
        console.log(data, headers)
    }],
    transformResponse: [(data) => {
        console.log(data)
    }],
    headers: {},
    params: {
        id: 123
    },
    data: {
        firstName: "tao"
    },
    responseType: "json",
    responseEncoding: "utf8",
    onUploadProgress: (progressevent => {
        console.log(progressevent)
    }),
    onDownloadProgress: (progressevent => {
        console.log(progressevent)
    })
}
```

针对上述配置对象中的常用属性,下面分别进行介绍。

- url：用于设置请求服务器的地址,如果设置了 baseURL 属性值,那么,该地址将会在 baseURL 属性值的后面,组合成一个新的请求地址。
- method：创建请求时使用的发送方式,默认值是 GET 方式。
- transformRequest：在向服务器发送数据之前,允许修改发送数据和请求头部信息,它只适用于 POST、PUT 和 PATCH 方式的请求,它的值是一个数组,且数组中函数的最后一个参数必须返回一个字符串,如 Buffer 实例、ArrayBuffer、FormData。
- transformResponse：在传递给 then 或 catch 之前,允许修改响应数据,可以对响应的返回数据做任意格式的调整,最后返回一个处理后的数据。
- headers：可以自定义请求的头部信息,包括 Authorization、Content-Type、User-Agent 等发送请求时相关的信息。
- params：它是一个与请求地址一起发送的 URL 参数,因此,必须是一个简单的对象或一个 URLSearchParams 对象。
- data：它是一个作为请求体被发送的数据,只适用于 POST、DELETE、PUT 和 PATCH 方式的请求,在没有设置 transformRequest 属性发送浏览器请求时,它的类型是 FormData、File 和 Blob 中之一。
- responseType：用于设置响应数据的类型,可以是 arraybuffer、document、json 和 text、stream 类型中的一种,默认类型是 json。
- responseEncoding：用于设置响应数据的编码格式,默认值为 utf-8 编码格式。
- onUploadProgress：用于响应浏览器上传文件时的进度事件,如果上传文件时需要处理进度数据,可以设置该事件。

- onDownloadProgress：用于响应浏览器下载文件时的进度事件，如果下载文件时需要获取进度数据，可以添加该事件。

9.2.3　默认配置和响应结构

配置对象可以在发送请求和实例化 axios 对象时进行配置，也可以通过 defaults 对象设置默认的配置值，该配置值的优先级高于模块库的默认值，将会作用于每一个请求，除非在请求时，通过 config 对象进行变更，设置默认配置的格式如以下代码所示。

```
axios.defaults.baseURL = "http://rttop.cn/api";
axios.defaults.timeout = 2000;
```

创建一个 axios 实例后，也可以修改设置的默认配置，如以下代码所示。

```
//初始设置默认值
axios.defaults.timeout = 2000;
//创建一个 axios 实例对象
const request = axios.create({
    baseURL: "http://rttop.cn/api"
})
//修改默认配置属性
request.defaults.timeout = 3000;
```

除了设置和修改默认配置之外，发送一次请求后，无论成功与失败，都将会返回响应的数据，并通过 then 或 catch 函数来获取。通常情况下，一个请求的响应数据对象中，包含的数据结构信息如下列代码所示。

```
{
  data: {},
  status: 200,
  statusText: 'OK',
  headers: {},
  config: {},
  request: {}
}
```

上述响应数据结构的属性值说明如下。

- data：由服务端返回的响应数据，源于服务端的数据设计。
- status：来源于服务端响应 http 请求的状态码，如 200 表示请求正常。
- statusText：来源于服务端响应 http 请求的状态信息，如 OK 表示请求正常。
- headers：返回服务端响应的头部信息。
- config：返回发送 axios 请求时的配置信息。
- request：返回生成请求响应的对象，浏览器为 XMLHttpRequest 实例。

9.2.4　全局配置 axios

在 Vue 3 中，可以使用 app.config.globalProperties 注册全局属性的对象，其中，app 是

通过 createApp()方法创建后的 Vue 实例化对象,它替代了 Vue 2 中的 Vue.prototype 方式,无论是 Vue 3 中的组件式 API 还是选项式 API,都可以轻松访问到它的值。

如果需要在 Vue 3 项目中全局配置 axios 对象,只需要在 main.js 文件中添加如下代码。

```
import { createApp } from 'vue'
import App from './App.vue'
import Global from './components/ch6/Global'
import router from './router/index'
import request from './plugins/axios';
let app = createApp(App);
app.config.globalProperties.$http = request;
app.component("Global", Global);
app.use(router);
app.mount('#app')
```

在上述加粗代码中,先导入一个名称为 request 的 axios 实例对象,再调用 app 中的 config.globalProperties 对象,添加一个自定义名为 $http 的属性,最后将 request 对象赋值给 $http 属性。通过这样操作之后,就可以在任意的组件中,通过 this.$http 方式访问到这个 axios 实例对象了。

9.3　数据缓存

完成全局性的 axios 实例对象配置后,则可以在任意一个组件中直接调用这个对象,发送异步请求,获取服务端返回的数据。同时,针对那些不经常变化的数据,可以在请求过程中,进行数据缓存,并根据设定的缓存时长,定时更新数据。接下来进行详细介绍。

9.3.1　请求数据

配置好全局性的 axios 实例对象后,请求数据就变得十分简单,只需在组件中,通过 this 这个对象调用 $http 属性,就可以获取配置好的 axios 实例化对象,再通过这个对象发送异步请求,并在 then 函数中获取响应的数据。下面通过一个完整的实例来演示请求过程。

实例 9-1　请求数据

1. 功能描述

在首页中,当单击左侧菜单的"数据请求"链接时,则在页面右侧进入路由为"/d-1"对应的组件,在组件中当单击"发送请求"按钮时,调用全局的 axios 实例对象,根据指定的请求地址,发送异步请求,并将返回的数据显示在元素中。

2. 实现代码

在项目的 components 文件夹中,添加一个名为"BaseRequest"的.vue 文件,该文件的保存路径是"components/ch9/",在文件中加入如代码清单 9-1 所示代码。

代码清单 9-1　BaseRequest. vue 代码

```
<template>
    <div class = "iframe">
        <div class = "i-left">
            <span>返回值: </span>
            <span>{{ data }}</span>
        </div>
    </div>
    <div class = "iframe">
        <div class = "i-left">
            <button @click = "onSendRequest">发送请求</button>
        </div>
    </div>
</template>
<script>
export default {
    data() {
        return {
            data: ""
        }
    },
    methods: {
        onSendRequest() {
            this.data = "loading...";
            this. $ http.get('/?day = 1 - 1').then(d = > {
                this.data = d.data
            })
        }
    }
}
</script>
<style>
.iframe {
    width: 300px;
    display: flex;
    justify-content: space-between;
    align-items: center;
    padding: 16px 8px;
    border: solid 1px #ccc;
}

.i-left {
    display: flex;
    align-items: center;
}

.iframe:last-child {
    border-top: none;
    background-color: #eee;
}
</style>
```

为了配置全局性的 axios 实例化对象，先在项目的 components 文件夹中，添加一个名称为"axios"的 js 文件，该文件的保存路径是"components\plugins\"，并在文件中加入如代码清单 9-2 所示代码。

代码清单 9-2　axios.js 代码

```
import axios from "axios";
const request = axios.create({
    baseURL: "http://rttop.cn/api",
    timeout: 2000
})
export default
request
```

创建并导出 axios 对象后，还需要将该对象挂载到新建的 app 应用中，因此，需要将入口文件 main.js 进行如代码清单 9-3 所示的修改。

代码清单 9-3　main.js 代码

```
import { createApp } from 'vue'
import App from './App.vue'
import Global from './components/ch6/Global'
import router from './router/index'
import request from './plugins/axios';
let app = createApp(App);
app.config.globalProperties.$http = request;
app.component("Global", Global);
app.use(router);
app.mount('#app')
```

为了实现单击"数据请求"链接后路由跳转的功能，需要向配置的路由对象中添加新的路径与组件对应关系，在目录"components\router\"下，打开 index.js 文件，新添加如代码清单 9-4 所示的加粗部分内容。

代码清单 9-4　index.js 代码

```
import { createRouter, createWebHistory } from 'vue-router';
//配置组件对应路径
const routes = [
    {
        path: '/d-1',
        name: 'd-1',
        component: () =>
            import('../components/ch9/BaseRequest.vue')
    }
    //省略部分其他代码
]
const router = createRouter({
    history: createWebHistory(process.env.BASE_URL),
    routes
})
export default router
```

最后,在默认入口组件 App.vue 中,添加链接和 router-view 元素,当单击左侧"数据请求"链接后,在右侧的 router-view 元素中,加载路由对应的组件,该文件的完整代码如代码清单 9-5 所示。

代码清单 9-5　App.vue 代码

```
<template>
  <div class="frame">
    <div class="f-left">
      <router-link to="/d-1">数据请求</router-link>
    </div>
    <div class="f-right">
      <router-view></router-view>
    </div>
  </div>
</template>
<script>
export default {
  name: "App",
  data() {
    return {
    }
  }
};
</script>
<style>
#app {
  font-family: Avenir, Helvetica, Arial, sans-serif;
  -webkit-font-smoothing: antialiased;
  -moz-osx-font-smoothing: grayscale;
  color: #2c3e50;
}

nav {
  color: #666;
  margin: 5px 0;
  font-size: 13px;
}
a{
  text-decoration: none;
}
.frame{
  display: flex;
}
.frame .f-left{
  width: 120px;
  padding: 10px;
}
</style>
```

3. 页面效果

保存代码后,页面在 Chrome 浏览器下执行的效果如图 9-6 所示。

4. 源码分析

在数据请求组件 BaseRequest.vue 中,当用户单击"数据请求"按钮后,触发按钮的单击

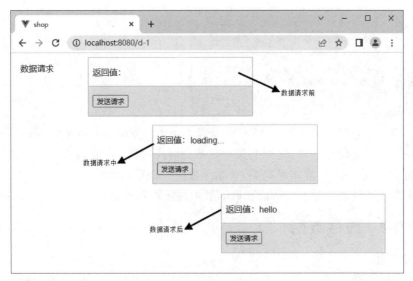

图 9-6　数据请求

事件,并执行单击事件函数。在函数中,首先修改 data 变量状态值,由于在发送异步请求时,无法立即响应,因此,在请求过程中,通常使用一个状态值,告知用户请求的状态。

　　然后,再通过 this 访问全局性的 axios 对象,并调用该对象的别名 get,以 GET 方式,根据指定的 URL 地址,发送异步请求。最后,当请求成功时,触发 then 方法中的第一个回调函数,并在回调函数中获取到服务端返回的数据 d,并更新到变量 data 中。

　　需要说明的是,then 方法中有两个回调函数,第一个是请求成功时被执行,第二个是请求失败时被执行,因此,考虑到请求失败的可能性,then 方法中的代码应修改成如下代码所示。

```
this. $ http.get('/?day = 1 - 1').then(d = > {
    this.data = d.data
}, err = > {
    console.log(err.message)
})
```

9.3.2　缓存数据

　　一次请求,就是一次对服务器的访问,如果是不经常变化的数据,首次请求成功后,可以通过页面的 localStorage 对象,将数据缓存到浏览器中,下次再请求时,再取出缓存的数据,用于页面内容的显示。这种缓存数据的方式既减轻了服务器的访问压力,又加快了请求响应的速度,极大地优化了用户请求数据的体验。

　　localStorage 是 HTML 5 标准中新增的一个用于数据缓存的对象,它的最大缓存体积为 5MB 的字符内容,它是一个永久性的浏览器缓存对象,除非人为删除,否则一直存在于浏览器中,即使是关闭浏览器后再次打开,缓存对象依然存在于浏览器中。

　　localStorage 有三个常用的操作方法,分别用于设置、读取和删除指定名称的缓存内容,具体实现的方法如下列代码所示。

```
//1.设置一个 key 值为 cacheData 的 localStorage 对象
localStorage.setItem("cacheData", "tgrong");
//2.获取 key 值为 cacheData 的 localStorage 对象
localStorage.getItem("cacheData");
//3.删除 key 值为 cacheData 的 localStorage 对象
localStorage.removeItem("cacheData"))
```

需要说明的是,在调用 setItem()方法设置一个 localStorage 对象时,参数 key 值必须确保在同一个域名下的唯一性,否则会被同名的内容所替代;对象值必须是一个字符类型,如果是其他类型,必须先转换成字符型,否则无法缓存期望的数据。

接下来演示如何将实例 9-1 请求获取的数据进行缓存的过程。

实例 9-2 缓存数据

1. 功能描述

在实例 9-1 的基础之上,新添加一个内容为"缓存数据"的按钮,单击该按钮时,先向服务器发送异步请求,获取响应数据后,缓存在本地,当再次单击该按钮时,如果发现有指定名称的缓存数据,则直接调用缓存,否则再次发送请求获取数据。

2. 实现代码

为了实现数据请求成功后,缓存数据的功能,先打开路径为 components\ch9\中的 BaseRequest 文件,修改后的代码如代码清单 9-6 所示。

代码清单 9-6　BaseRequest.vue 代码

```html
<template>
    <div class = "iframe">
        <div class = "i-left">
            <span>返回值:</span>
            <span>{{ data }}</span>
        </div>
    </div>
    <div class = "iframe">
        <div class = "i-left">
            <button @click = "onSendRequest">发送请求</button>
            <button @click = "onCacheRequest">缓存数据</button>
        </div>
    </div>
</template>
<script>
export default {
    data() {
        return {
            data: ""
        }
    },
    methods: {
        …其他方法见实例 9-1
        onCacheRequest() {
            this.data = "loading...";
```

```
                    //先判断是否有缓存数据
                    if (localStorage.getItem("cacheBase")) {
                        this.data = localStorage.getItem("cacheBase");
                    } else {
                        this.$http.get('/?day=1-1').then(d => {
                            this.data = d.data
                            //请求成功后,再缓存返回数据
                            localStorage.setItem("cacheBase", d.data)
                        }, err => {
                            console.log(err.message)
                        })
                    }
                }
            }
        }
    </script>
    <style>
    /*样式见实例9-1*/
    </style>
```

3. 页面效果

保存代码后,页面在 Chrome 浏览器下执行的效果如图 9-7 所示。

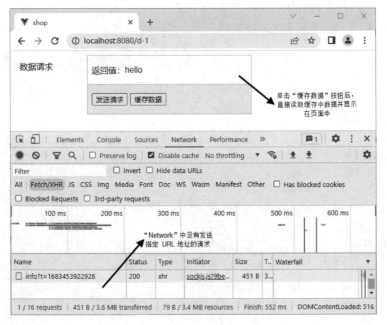

图 9-7　缓存数据

4. 源码分析

在本实例中,当单击"缓存数据"按钮时,先判断 key 值为"cacheBase"的缓存数据是否存在,如果存在,则直接调用它,并赋值给变量 data,显示在视图中;如果不存在,则发送异步请求,在获取请求成功响应数据时,将返回的数据缓存到 key 值为"cacheBase"的 localStorage 对象中,用于后续的判断和显示。

9.3.3 缓存优化

虽然缓存数据有利于减轻服务端的频繁请求,优化用户的数据请求体验,但如果一直使用缓存的数据,会使信息过于陈旧,无法满足数据即时性的需求。为了解决这个问题,需要对缓存使用时间做优化。

"缓存使用时间"是指缓存存储后,在页面中的使用时间,如果不做优化,它是无限制的,除非人为删除,优化时,可以根据这个缓存的数据内容,设置不同过期时长。通常情况下,非时效性很强的数据,过期时长为30min,其他为10min左右。

接下来,演示实例9-2请求获取的数据缓存优化的过程。

实例9-3 缓存优化

1. 功能描述

在实例9-2的基础之上,单击"缓存数据"按钮时,先向服务器发送异步请求,获取响应数据后,缓存在本地,当再次单击该按钮时,如果发现有指定名称的缓存数据并在指定时长内,则直接调用缓存,否则,再次发送请求获取数据。

2. 实现代码

为了实现数据请求成功后,缓存数据的功能,先打开路径为 components\ch9\中的 BaseRequest 文件,修改后代码如代码清单9-7所示。

代码清单9-7 BaseRequest. vue 代码

```
<template>
    /* 模板见实例 9-2 */
</template>
<script>
export default {
    data() {
        return {
            data: ""
        }
    },
    methods: {
        …其他方法见实例 9-1
        onRequest() {
            this. $ http.get('/?day = 1 - 1').then(d => {
                this.data = d.data
                //请求成功后,再缓存返回数据
                localStorage.setItem("cacheBase", d.data)
                //缓存数据保存时的时间
                localStorage.setItem("cacheTime",
                    (new Date().getTime()));
            }, err => {
                console.log(err.message)
            })
        },
        onDiffTime(oTime, nTime, len) {
            let _oM = parseInt(oTime / 1000 / 60);
```

```
            let _nM = parseInt(nTime / 1000 / 60);
            if (_nM - _oM <= len) {
                return true
            } else {
                return false;
            }
        },
    onCacheRequest() {
        this.data = "loading...";
        //先判断是否有缓存数据
        if (localStorage.getItem("cacheBase") &&
            localStorage.getItem("cacheTime")) {
            //判断时间是否在规则内
            if (this.onDiffTime(
                localStorage.getItem("cacheTime"),
                (new Date()).getTime(), 3)) {
                this.data =
                localStorage.getItem("cacheBase");
            } else {
                this.onRequest();
            }
        } else {
            this.onRequest();
        }
    }
  }
}
</script>
<style>
/*样式见实例9-1*/
</style>
```

3. 页面效果

保存代码后,页面在 Chrome 浏览器下执行的效果如图 9-8 所示。

图 9-8　缓存优化

4. 源码分析

在本实例组件 BaseRequest.vue 文件中,当首次请求时,不仅要判断是否有缓存数据,还要检测现在时间与缓存时间相差值是否在指定的范围内,如果是在指定时长范围内,则直接调用已缓存的数据,否则,将再次发送数据请求。请求成功后,不仅要缓存响应数据,还要缓存数据缓存时的时间戳,用于再次请求时,时长有效性的检测。

需要说明的是,由于发送请求和计算两个时间戳的差都属于独立的一个功能,并且发送请求的功能可能会被调用多次,因此,可以将它们都封装成为一个个独立的函数形式,这样既利于代码后续的维护,又便于代码的复用并简化代码的结构。

小结

本章首先从 axios 的安装和使用讲起,然后详细说明 axios 对象的创建、配置过程,并介绍了默认配置和响应结构,最后完成一个全局配置 axios 对象的过程。

完成 axios 全局配置后,再结合一个个实例,详细介绍如何使用 axios 请求数据的过程,以及在请求时,如何缓存响应数据和优化缓存的方法。

第❮10❯章

pinia状态管理

本章学习目标
- 理解和掌握 pinia 模块安装的方法。
- 掌握 pinia 对象实例创建和配置的过程。
- 理解和掌握 pinia 各组成部分的构建和访问。

10.1　pinia 介绍

pinia 是 Vue 2 中 Vuex 的升级版,与 Vuex 的功能一样,都是存储 Vue 中的共享状态,但它比 Vuex 的使用更加简单,所有状态逻辑的改变都被封装至 action 中,支持多个 Store 对象管理,热模块更新,在不刷新页面情况下修改 Store,并且它的体积不到 1KB。

由于 Vuex 是重量级的,存在性能问题,常用于中小型 Vue 项目的过渡,适用于大规模、高并发的项目,而由于 pinia 是轻量级的,有极强的灵活性,非常适用于中小型项目,也特别适用于简单的 Vue 项目。

10.1.1　安装和配置 pinia

与其他模块一样,pinia 的安装只需要在项目根目录下执行下列指令:

```
npm install pinia
```

如果需要进行全局安装,则再添加一个 -g 的参数,如果在项目根目录下安装成功后,可以直接打开 package.json 文件,查看安装模块的版本号,效果如图 10-1 所示。

pinia 安装成功后,并不能直接在组件中使用,需要对它进行全局配置。首先,在 src 目录下添加一个 store 文件夹,并在该文件夹下添加一个名为 index 的 js 文件,并在该文件中加入如代码清单 10-1 所示代码。

代码清单 10-1　index.js 代码

```
"dependencies": {
  "animate.css": "^4.1.1",
  "axios": "^1.4.0",
  "core-js": "^3.6.5",
  "gsap": "^3.10.4",
  "mitt": "^3.0.0",
  "pinia": "^2.0.35",
  "vue": "^3.0.0",
  "vue-router": "^4.1.6"
},
```

图 10-1　安装成功后查看 pinia 版本

```
import { createPinia } from "pinia";
const pinia = createPinia();
```

```
export default pinia;
```

在上述代码中,先从 pinia 模块中导出一个名为 createPinia 的方法,然后,执行该方法创建一个 pinia 对象,并将该对象赋值给名为 pinia 的常量,最后导出这个常量。

接下来,打开 main.js,在该文件中加入如代码清单 10-2 所示代码。

代码清单 10-2　main.js 代码

```
import { createApp } from 'vue'
import App from './App.vue'
import Global from './components/ch6/Global'
import router from './router/index'
import request from './plugins/axios';
import pinia from "./store/index"
let app = createApp(App);
app.config.globalProperties.$http = request;
app.component("Global", Global);
app.use(router).use(pinia);
app.mount('#app')
```

在上述代码的加粗部分,第一行是导入构建完成的 pinia 对象,第二行是将 pinia 对象挂载至 Vue 实例化对象 app 上。通过这两步操作,就可以在任意的组件中直接通过 this 访问到 pinia 对象和它的组成部分。

10.1.2　创建 Store

完成 pinia 的安装和全局性配置后,接下来就可以构建 pinia 的结构。pinia 是状态管理工具,管理的方式是构建一个个 Store 对象,与 Vuex 的分模块管理不同,pinia 中的一个 Store 对象就是一个模块,它与 Vuex 结构的区别如图 10-2 所示。

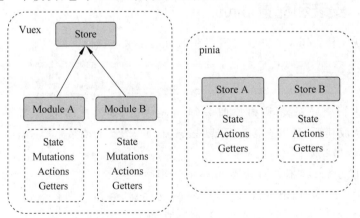

图 10-2　pinia 与 Vuex 结构的区别

从上述示意图可以看出,pinia 中的模块,其实就是一个单独的 Store,一个 Store 就是一个模块,因此,可以根据模块功能的不同,创建不同的 Store 对象。在创建 Store 对象时,需要先从 pinia 中导出 defineStore 方法,通过该方法来定义,代码如下。

```
import { defineStore } from 'pinia'
export const StoreA = defineStore('StoreA_id', {
  //other options…
})
```

在上述代码中,当定义一个 Store 对象时,需要调用 defineStore 方法。该方法中有两个参数,第一个参数为 Store 对象在应用程序中的唯一标志,不能重复;第二个参数是一个配置对象,描述 Store 对象其他部分的组成结构。

例如,在 store 目录下,添加一个名称为 schStore.js 的文件,用于定义一个保存学校状态的 Store 对象,加入如代码清单 10-3 所示的代码。

代码清单 10-3　schStore.js 代码

```
import { defineStore } from "pinia";
export const useSchStore = defineStore("sch_id", {
    state() {
    },
    getters:{
    },
    actions:{
    }
})
```

在上述代码的 defineStore 方法中,第一个参数是必需的,虽然是字符串,但它是一个id,不能重复,必须是唯一的,返回的函数命名中,通常需要添加一个 use 前缀,表示是一个跨组件使用的约定,建议保留这种命名方式。

定义完成后,在任意的组件中就可以像 Vuex 一样,通过 map 获取到该对象中定义的变量和方法,代码格式如下。

```
import { mapState,mapActions } from 'pinia'
import { useSchStore } from "../../store/schStore"
computed:{
    ...mapState(useSchStore ,[状态变量名称])
}
methods:{
    ...mapActions(useSchStore ,[方法名称])
}
```

10.2　State

在很多情况下,State 是 Store 对象最重要的组成部分,是 Store 对象的核心,因为开发者在创建一个 Store 对象时,首先考虑的是 State 如何设计。在 pinia 中,State 是一个返回初始状态值的函数,通过函数的形式,既可以支持客户端,也能响应服务端。

10.2.1　构建和访问 State

接下来在名称为 useSchStore 的 Store 对象中,构建一个 State 函数,并在函数中返回三个初始的状态值,一个名称为 name,表示学校名称;另一个名称为 count,表示在校学生数量;最后一个名称为 grade,表示学校年级分类。具体实现的代码如下。

```
import { defineStore } from "pinia";
export const useSchStore = defineStore("sch_id", {
    state:() => {
        return {
            name: "精英学校",
            count: 1200,
            grade:["小学","初中"],
        }
    }
})
```

为了使返回的对象属性能自动推断所属类型,建议使用箭头函数的方式来构建 State,完成构建后,可以通过 Store 实例访问到 State 函数返回的属性值,并对其进行操作。例如,访问 count 属性,并在原有基础上增加 1,实现代码如下。

```
<script>
import { schStore } from "../../store/schStore"
export default {
    mounted(){
        const store = schStore();
        console.log(store.count);
        store.count++
        console.log(store.count);
    }
}
</script>
```

在上述加粗代码中,先使用变量 store 保存 schStore 的实例化对象,然后通过这个实例化对象直接访问 count 属性,并在控制台输出该属性的当前值,首次加载时,当前值为初始值,因此,第一次输出值为 1200。

count 属性值不仅可以访问输出,还可以进行操作。当执行 store.count++ 语句后,count 属性值已加 1,由原来的 1200 变成了 1201,因此,第二次输出值为 1201。

10.2.2 重置和变更 State

保存 Store 的实例化对象后,不仅可以访问和操作 state 对象的属性值,还可以直接调用 $retset 方法,使 state 对象重新还原成初始值,如下列代码所示。

```
<script>
import { schStore } from "../../store/schStore"
export default {
    mounted(){
        const store = schStore();
        console.log(store.count);
        store.count++
        console.log(store.count);
```

```
        store. $ reset();
        console. log(store.count)
    }
}
</script>
```

在上述代码的加粗部分中，虽然前面对 count 属性进行了加 1 的操作，并输出 count 属性值为 1201，但当调用 $ reset 重置方法后，State 对象中的全部属性都还原为初始值，因此，再次输出 count 属性值时，则为初始值 1200。

既可以通过 Store 的实例化对象访问 State 的属性并变更它的值，还可以借助 mapState 函数将 State 属性映射为只读的计算属性，实现代码如下。

```
< script >
import { mapState } from 'pinia'
import { schStore } from "../../store/schStore"
export default {
    computed: {...mapState(schStore, ['name'])},
    mounted(){
        console. log(this. name)
    }
}
</script>
```

在上述加粗代码中，调用 mapState 函数，可以将 State 中的 name 属性映射成 computed 对象中的只读成员，可以在 mounted 函数中直接访问，因此，上述代码执行后将会在控制台输出 State 对象中的 name 属性初始值，即输出"精英学校"字样。

虽然这种映射的方式可以访问 State 中的某个属性值，但它是只读的，不能修改这个属性的值，如果需要修改映射的值，可以调用 mapWritableState 函数，如以下代码所示。

```
< script >
import { mapWritableState } from 'pinia'
import { schStore } from "../../store/schStore"
export default {
    computed: {...mapWritableState(schStore, ['name'])},
    mounted(){
        console. log(this. name)
        this. name = "重点中学";
        console. log(this. name)
    }
}
</script>
```

在上述加粗代码中，以可写的方式，将 State 中的 name 属性映射成 computed 对象的一个成员，第一次输出默认的初始值"精英中学"，由于该属性允许修改，因此，经过修改后，第二次输出的 name 属性值为"重点中学"。

10.2.3 其他操作方式

如果需要批量变更 State 中的多个属性值,可以调用 Store 实例化对象中的 $ patch 方法,它可以用对象的形式在同一时间内,一次性更新多个属性值,如下列代码所示。

```
< script >
import { schStore } from "../../store/schStore"
export default {
    mounted() {
        const store = schStore();
        store. $ patch({
            name: "全省重点中学",
            count: 2000
        })
        console. log(store.name)
        console. log(store.count)
    }
}
</script >
```

在上述加粗代码中,调用实例化对象 store 中的 $ patch 方法,可以同时更新 name 和 count 这两个属性值。因此,代码执行后,第一次输出更新后的 name 属性值"全国重点中学",第二次输出更新后的 count 属性值"2000"。

虽然这种对象形式的更新方式,可以一次更新多个属性值,但如果属性值是数组,这种更新方式的性能就非常低。为了解决这个问题,在调用 $ patch 方法时,也允许使用一个函数的形式来实现多个属性的更新,如以下代码所示。

```
< script >
import { schStore } from "../../store/schStore"
export default {
    mounted() {
        const store = schStore();
        store. $ patch(state = > {
            state.grade. push("高中");
            state.count = 5000;
        })
        console. log(store.grade)
        console. log(store.count)
    }
}
</script >
```

在上述加粗代码中, $ patch 方法中的 state 表示箭头函数的参数,代表 Store 对象中的 State 对象,因为是函数式操作,因此,可以直接通过 push 方式向数组类型的属性添加成员,也可以以赋值的方式重置属性值。操作完成后,第一次在控制台输出 grade 属性的全部内容"小学""中学""高中",第二次在控制台输出重置后的 count 属性值 5000。

10.3　Getters

Getters 是针对 State 属性的再次计算，它也是 Store 中一个非常重要的组成部分，因为当进入不同页面时，State 对象的某个初始值也需要发生相应变化，而 Getters 就可以实现这个功能，可以根据不同的页面定义不同的函数，并在对应的页面中执行即可。

10.3.1　构建和访问 Getters

接下来在名称为 useSchStore 的 Store 对象中，构建一个 Getter 对象，并在对象中添加两个箭头函数，一个名称为 changeName 的函数，用于重置 State 中的 name 属性；另一个名称为 changeCount 的函数，用于重置 State 中的 count 属性，代码如下。

```
import { defineStore } from "pinia";
export const schStore = defineStore("sch_id", {
    state: () => {
        return {
            name: "精英学校",
            count: 1200,
            grade: ['小学', '初中']
        }
    },
    getters: {
        changeName: state => {
            state.name = "全日制学校";
        },
        changeCount: state => {
            state.count++;
        }
    }
})
```

在上述代码 Getters 属性的加粗部分，推荐使用箭头方式定义函数，state 是函数的参数，表示 Store 中的 State 对象，通常无法再添加其他参数，因为 Getters 定义的函数仅依赖于 State 对象。如果在其他组件中需要调用该函数，可以加入下列代码。

```
<script>
import { schStore } from "../../store/schStore"
export default {
    mounted() {
        const store = schStore();
        console.log(store.name)
        store.changeName;
        console.log(store.name)
    }
}
</script>
```

在上述代码的加粗部分中，由于组件在首次加载时，State 中的 name 属性为初始值，因此,第一次在控制台输出"精英学校",当调用 changeName 函数后,State 中的 name 属性值为重置后的"全日制学校",因此,第二次在控制台输出"全日制学校"。

10.3.2　其他操作方式

与 State 对象一样,Getters 对象也可以通过 mapState 映射成 computed 对象中的一个成员,如下列代码所示。

```
<script>
import { mapState } from 'pinia'
import { schStore } from "../../store/schStore";
export default {
    computed: {
        ...mapState(schStore, ["name", "changeName"])
    },
    mounted() {
        console.log(this.name);
        this.changeName;
        console.log(this.name);
    }
}
</script>
```

在上述代码的加粗部分中,先调用 mapState 函数,分别将 name 属性和 changeName 函数映射成 computed 对象中的一个成员,接下来在 mounted 函数中先输出 name 属性的初始值,当调用 changeName 函数后,再次输出 name 属性的值为重置后的内容。

10.4　Actions

Store 中的 Actions 部分,用于定义操作属性的方法,类似于组件中的 methods 部分,它与 Getters 都可以操作 State 属性,但在定义方法时,Getters 是对 State 属性进行加工处理,再返回使用,属于内部计算;Actions 则是根据业务逻辑,操作 State 或 Getters 保存的值,方法中可以实现异步请求、调用任意的 API,属于逻辑层部分。

10.4.1　构建和执行 Actions 中方法

Actions 属于 Store 中的一部分,因此,可以使用 defineStore 方法中的 Actions 属性来构建某个业务逻辑,例如,在 10.3.1 节基础上,构建两个 Actions 中的方法,一个名称为 editCount,用于动态改变 count 的值;另一个名称为 addGrade,用于动态添加 grade 属性的值。具体实现的代码如下。

```
import { defineStore } from "pinia";
export const schStore = defineStore("sch_id", {
    state: () => {
        return {
            name: "精英学校",
            count: 1200,
```

```
                grade: ['小学', '初中']
            }
        },
        getters: {},
        actions: {
            editCount(val) {
                this.count = val;
            },
            addGrade(val) {
                this.grade.push(val);
            }
        }
    })
```

在上述代码的 Actions 属性加粗部分中，分别定义了两个方法 editCount 和 addGrade。如果方法中需要传入其他参数，可以直接在方法中定义形参，如 val；如果需要访问 State 中的属性，可以通过 this 对象直接访问属性名即可，如 this.count 和 this.grade。

Actions 属性构建完成后，如果需要在其他组件中调用，通常使用 mapActions，将它的操作属性映射成组件 methods 中的一部分，实现代码如下。

```
<script>
import { mapState, mapActions } from 'pinia'
import { schStore } from "../../store/schStore";
export default {
    computed: {
        ...mapState(schStore, ["grade", "count"])
    },
    methods: {
        ...mapActions(schStore, ["editCount", "addGrade"])
    },
    mounted() {
        this.editCount(5);
        console.log(this.count);
        this.addGrade("高中");
        console.log(this.grade);
    }
}
</script>
```

在上述代码的加粗部分中，先通过导入的 mapActions 函数，将 Actions 属性映射成组件 methods 的成员，接下来，调用 editCount 方法，由于传入的实参为 5，因此，第一次在控制台输出值为 5；再调用 addGrade 方法，传入实参为"高中"，因此，最后一次在控制台输出的内容为"小学""初中""高中"字样。

10.4.2　执行异步请求

Actions 属性中还可以定义执行异步请求的方法，由于异步请求时，无法及时同步 State 属性值，因此，通常将异步请求的方式使用 async 和 await 语句改成同步请求。例如，使用异步请求的方式，修改 State 中的 name 属性值，代码如下。

```
import { defineStore } from "pinia";
import axios from "axios";
export const schStore = defineStore("sch_id", {
    state: () => {
        return {
            name: "精英学校",
            count: 1200,
            grade: ['小学', '初中']
        }
    },
    getters: {},
    actions: {
        async ajaxEditName() {
            const res = await axios
            .get("http://rttop.cn/api/?day = 1 - 1");
            this.name = res.data;
        }
    }
})
```

在上述加粗代码中,为了实现异步请求,先导入 axios 模块,然后在 Actions 属性中定义一个名称为 ajaxEditName 的方法,用于发送指定的请求地址,并将请求返回的结果更新 name 属性值,该方法在组件中调用的代码如下。

```
< script >
import { mapState, mapActions } from 'pinia'
import { schStore } from "../../store/schStore";
export default {
    computed: {
        ...mapState(schStore, ["name"])
    },
    methods: {
        ...mapActions(schStore, ["ajaxEditName"])
    },
    async mounted() {
        console.log(this.name)
        await this.ajaxEditName();
        console.log(this.name)
    }
}
</script >
```

在上述代码的加粗部分中,先将 ajaxEditName 方法利用 mapActions 函数映射成组件中 methods 的一个成员,然后在 mounted 事件中,先输出 name 的属性值,由于此时还没有更新 name 值,因此,第一次输出为 name 的初始值"精英学校"。

当使用 await 语句执行 ajaxEditName 方法时,必须等待异步请求完成,并更新 name 属性值后才能执行下一条输出语句,因此,当第二次执行输出 name 属性值时,已完成了数据的请求和更新,所以,第二次输出的值为请求返回值"hello"。

10.5　其他扩展插件

由于 pinia 是一个非常底层的 API 模块，因此，它完全可以通过插件来扩展自身的功能，可以扩展的功能通常是一个函数，pinia 通过 use()方法接收该函数，并将该函数的功能传递给 pinia，从而实现扩展 pinia 功能的效果。

10.5.1　扩充 Store

在实际的开发过程中，有时需要对所有的 Store 扩展一个全局性属性，例如，在 Store 中扩展一个名称为 tip 的属性，它的属性值为"扩展属性"，实现代码如下。

在 store 目录下，先找到创建 pinia 对象的 index.js 文件，并将其修改成如下列代码所示。

```
import { createPinia } from "pinia";
const pinia = createPinia()
pinia.use(({ store }) => {
    store.tip = '扩展属性';
    store.$state.address = '扩展状态属性';
})
export default pinia;
```

在上述加粗代码中，当创建完名称为 pinia 的实例化对象后，就可以通过 use()方法向该对象扩展属性，该属性既可以直接添加在 Store 对象中，也可以通过 $state 向 State 对象扩展属性。这些扩展的属性都是共享的，如果需要在组件中访问它们，可以加入如下代码。

```
<script>
import { schStore } from "../../store/schStore";
export default {
    mounted() {
        const store = schStore();
        console.log(store.tip);
        console.log(store.$state.address);
    }
}
</script>
```

在上述加粗部分的代码中，先导入一个名称为 schStore 的 Store 对象，再在 mounted 函数中实例化一个名称为 store 的 Store 对象，并通过 store 对象在控制台输出扩展的属性 tip 和 address，最后，在控制台分别输出"扩展属性"和"扩展状态属性"字样。

需要说明的是，由于扩展的 Store 属性具有全局性，因此，无法使用 mapState 函数映射成组件的 State 成员，同时，扩展的属性必须应用于 pinia 已创建完成的 Store 对象中，否则无法访问到扩展的属性值。

10.5.2　数据持久化

如果需要缓存整个 Store 对象中的 State 数据，可以使用 pinia-plugin-persist 插件，该插件是专门用于 pinia 的扩展插件，功能是将 State 数据保存至 localStorage 或 sessionStorage 中，默认是以 Store 的 id 作为 key，保存在 sessionStorage 对象中。

在使用 pinia-plugin-persist 插件之前，先需要安装该插件，在终端执行如下代码。

```
npm i pinia-plugin-persist --S
```

安装成功后，可以在 package.json 文件中查看到对应的版本，如图 10-3 所示。

```
"dependencies": {
    "animate.css": "^4.1.1",
    "axios": "^1.4.0",
    "core-js": "^3.6.5",
    "gsap": "^3.10.4",
    "mitt": "^3.0.0",
    "pinia": "^2.0.35",
    "pinia-plugin-persist": "^1.0.0",
    "vue": "^3.0.0",
    "vue-router": "^4.1.6"
},
```

图 10-3　插件安装成功后查看版本

插件安装成功后，接下来，需要调用 use 方法将插件扩展至 pinia 中。先找到 store 文件夹下的 index.js 文件，然后加入如下代码。

```
import { createPinia } from "pinia";
import piniaPluginPersist from 'pinia-plugin-persist';
const pinia = createPinia()
pinia.use(piniaPluginPersist)
export default pinia;
```

在上述代码的加粗部分中，先导入安装好的 pinia-plugin-persist 插件，再使用 use 方法，将该插件扩展到 pinia 对象中，最后，在定义 Store 时，声明使用本地缓存即可，即在创建 Store 时，添加如下代码的配置。

```
import { defineStore } from "pinia";
export const schStore = defineStore("sch_id", {
    state: () => {
        return {
            name: "精英学校",
            count: 1200,
            grade: ['小学', '初中']
        }
    },
    getters: {
    },
    actions: {
    },
    persist: {
        enabled: true,
    }
})
```

在上述代码的加粗部分中，使用 persist 属性来声明是否可以使用缓存，如果 enabled 值为 true，表示使用本地缓存来保存 Store 中的 State 对象。当然，该属性还可以指定使用什么类型的缓存对象和缓存哪几个 State 对象中的属性，如以下代码所示。

```
persist: {
    enabled: true,
    strategies: [
        {
            storage: localStorage,
            paths: ['name', 'count']
        }
    ]
}
```

在上述代码的加粗部分中，strategies 用于描述缓存时的策略；storage 属性用于指定缓存哪种类型的缓存对象，默认为 sessionStoreage，也可以通过该属性指定 localStoreage 对象；paths 属性用于指定需要缓存的 State 属性名称，如果没有指定，则不会缓存。

小结

本章首先从 pinia 的安装和配置讲起，详细介绍一个 Store 对象创建的过程；然后，结合理论与实践的方式，完整详细地讲述了 Store 对象中的各个组成部分，包括 State 的构建与访问，Getters 的构建与执行，Actions 的构建与执行；最后，介绍 pinia 扩展插件的安装与使用过程，包括扩展 Store 和 State 数据持久化插件安装与使用的详细过程。

第⟨11⟩章

视频讲解

Vant UI

本章学习目标
- 理解和掌握 Vant 组件库安装和配置方法。
- 掌握 Vant 基础、表单和业务类组件的使用。
- 理解和掌握 Vant 其他类组件的使用。

11.1 Vant 介绍

Vant 是有赞前端团队开源的移动端组件库,适用于手机端的页面。Vant 组件库的体积仅有 8.8KB,压缩后只有 1KB;除体积轻量外,可定制是它的另外一个特点,它不仅提供基础的 UI 组件,还提供丰富实用的业务组件,特别是在构建商城应用时,增加了许多移动商城常用的业务组件,十分方便和高效。

11.1.1 Vant 的特点

Vant 是一个十分优秀的面向移动端应用的 UI 组件库,它体积轻量、可定制化强,特别是在开发移动端商城时,该组件库是 UI 的首选。它的 Logo 标志如图 11-1 所示。

图 11-1　Vant 的 Logo

除了轻量和可定制化之外,Vant 还有以下几个主要的特点。

(1) 70 多个高质量组件,几乎覆盖移动端主流场景。

(2) 不需要外部依赖,也不依赖第三方的 npm 包的安装。

(3) 提供 Sketch 和 Axure 设计资源的支持,便于开发。

(4) 支持 Vue 2、Vue 3 和微信小程序前端的主流框架。

(5) 支持 TypeScript 编写代码,并提供完整的类型定义。

(6) 支持主题定制,内置超 700 个主题变量,方便定制风格。

Vant 是一个面向移动端的 UI 组件库,它有两个非常重要的版本,一个是 Vant 2,支持现代手机端绝大部分的浏览器,但只支持 Vue 2 框架,并且已停止迭代新功能;另一个是 Vant 4,是目前主推版本,支持 TypeScript 语法,适用于 Vue 3 应用开发。

11.1.2 Vant 安装与配置

如果是使用 Vue 3 框架开发的应用,必须安装 Vant 4 组件库。Vant 4 的安装与其他框

架一样,先在应用的根目录下,执行下列终端指令:

```
npm install vant – S
```

执行上述指令后,将在当前应用中安装最新版本的 Vant 组件库,即 Vant 4.5.0 版。指令中参数 -S 表示在 package. json 中保存安装的记录,如果安装成功后,打开 package. json 文件,该文件中将会显示安装成功后的 Vant 版本号,如图 11-2 所示。

```
"dependencies": {
    "animate.css": "^4.1.1",
    "axios": "^1.4.0",
    "core-js": "^3.6.5",
    "gsap": "^3.10.4",
    "mitt": "^3.0.0",
    "pinia": "^2.0.35",
    "pinia-plugin-persist": "^1.0.0",
    "vant": "^4.5.0",
    "vue": "^3.2.13",
    "vue-router": "^4.1.6"
},
```

图 11-2　Vant 安装成功后显示的版本号

安装 Vant 是使用 Vant 组件库的第一步。完成成功后,还需要在应用中配置 Vant 组件库,才能在应用的各个组件中使用。配置的方法很简单,只需要在 main. js 文件中导入 Vant 模块和对应的 CSS 文件,并将导入的 Vant 模块挂载到 Vue 实例上即可。

先打开 src 目录下的 main. js 文件,加入如下代码。

```
import { createApp } from 'vue'
import App from './App.vue'
...
import Vant from 'vant'
import 'vant/lib/index.css';
let app = createApp(App);
...
app.use(Vant);
app.mount('#app')
```

在上述代码的加粗部分中,先导入安装成功的 Vant 模块,再导入模块所依赖的样式文件 index. css,完成这两步操作后,最后将导入的 Vant 模块通过 use 方法,挂载到 Vue 实例 app 中。这种挂载方式可以使用全部的 Vant UI 组件,也可以按需导入某些组件。例如,在某组件中,只需要使用 Button 组件,代码如下。

```
import Button from 'vant/lib/button';
import 'vant/lib/button/style';
```

在上述加粗代码中,只导入了 Button 组件和对应的样式,实现了按需加载组件的方式。相比于加载全部组件而言,这种方法更加轻巧,但加载相对麻烦,大部分开发者都是使用第一种方式,即一次性加载全部组件,因为它的体积非常小,即使全部加载也不会影响性能。

11.2　Vant 基础组件

Vant 有丰富的 UI 组件,而基础组件是全部组件的核心,基础组件中将常用的页面元素做了二次开发,封装成 Vant 格式组件,如按钮、图片和布局等,这些封装后的 Vant 组件,提供了更多面向真实应用需求的属性和事件,极大地方便了开发人员的使用。

11.2.1 Button 组件

Vant 中的 Button 组件从外形和状态两方面,对原始的 Button 元素进行了封装,使它支持 5 种类型的按钮。同时,还可以自定义按钮的图标、形状、尺寸和颜色,并可以设置按钮的单击状态和是否可用性,详细的属性如表 11-1 所示。

表 11-1 Button 组件常用属性说明

参 数	说 明	类 型	默 认 值
type	类型,可选值为 primary,success,warning,danger	string	default
size	尺寸,可选值为 large,small,mini	string	normal
text	按钮文字	string	
color	按钮颜色,支持传入 linear-gradient 渐变色	string	
icon	左侧图标名称或图片链接	string	
icon-prefix	图标类名前缀	string	van-icon
round	是否为圆形按钮	boolean	false
disabled	是否禁用按钮	boolean	false
hairline	是否使用 0.5px 边框	boolean	false
loading	是否显示为加载状态	boolean	false
loading-text	加载状态提示文字	string	

接下来通过一个完整的实例来演示 Button 组件的各种属性状态。

实例 11-1 Button 组件

1. 功能描述

创建一个页面,使用 Vant 中的 Button 组件,分别显示不同类型、不同状态的按钮。

2. 实现代码

在项目的 components 文件夹中,添加一个名为"Button"的 .vue 文件,该文件的保存路径是"components\ch11\base\",在文件中加入如代码清单 11-1 所示代码。

代码清单 11-1 Button.vue 代码

```html
<template>
  <h3>Button 组件</h3>
  <div class="row">
    <van-button type="primary">主要按钮</van-button>
    <van-button type="default">默认按钮</van-button>
  </div>
  <div class="row">
    <van-button plain type="primary">朴素按钮</van-button>
  </div>
  <div class="row">
    <van-button plain hairline type="primary">
      细边框按钮
    </van-button>
  </div>
  <div class="row">
```

```
        < van – button disabled type = "primary">
            禁用状态
        </van – button >
    </div >
    < div class = "row">
        < van – button loading type = "primary" />
    </div >
    < div class = "row">
        < van – button square type = "primary">
            方形按钮
        </van – button >
    </div >
</template >
< script >
export default {

}
</script >
< style scoped >
.row {
    margin: 10px 0;
    padding: 10px 0;
    border – bottom: solid 1px # eee;
}
</style >
```

3. 页面效果

保存代码后,页面在 Chrome 浏览器下执行的效果如图 11-3 所示。

图 11-3　Button 组件

4. 源码分析

Button 是使用最多的一款组件,常用于数据的提交、事件的触发。通常情况下,首次单击按钮后,按钮将处于不可用的状态。在数据提交时,按钮处于加载状态。提交成功之后,按钮返回正常状态。

11.2.2　Image 组件

应用的开发离不开图片的展示,Vant 将原生的 img 元素封装成增强版的 Image 组件,并提供了多种图片填充的模式,使图片能按指定的方式呈现和缩放。同时,还支持图片懒加载,加载中提示,加载失败提示等,详细的属性如表 11-2 所示。

表 11-2　Image 组件常用属性说明

参　　数	说　　明	类　　型	默　认　值
src	图片链接	string	
fit	图片填充模式,与原生的 object-fit 属性一致	string	fill
position	图片位置,与原生的 object-position 属性一致	string	center
radius	圆角大小,默认单位为 px	number	0
round	是否显示为圆形	boolean	false
lazy-load	是否开启图片懒加载,须配合 Lazyload 组件使用	boolean	false
show-error	是否展示图片加载失败提示	boolean	true
show-loading	是否展示图片加载中提示	boolean	true
error-icon	失败时提示的图标名称或图片链接	boolean	photo-fail
loading-icon	加载时提示的图标名称或图片链接	boolean	photo
icon-size	加载图标和失败图标的大小	number	32

在表 11-2 中,fit 是一个用于填充图片的属性,填充时可以选择多种模式,不同的模式决定了不同的填充效果,填充的模式如表 11-3 所示。

表 11-3　fit 属性填充模式

名　　称	说　　明
contain	保持宽高缩放图片,使图片的长边能完全显示出来
cover	保持宽高缩放图片,使图片的短边能完全显示出来,裁剪长边
fill	拉伸图片,使图片填满元素
none	保持图片原有尺寸
scale-down	取 none 或 contain 中较小的一个

接下来通过一个完整的实例来演示 Image 组件的各种属性和加载时的状态。

实例 11-2　Image 组件

1. 功能描述

创建一个页面,使用 Vant 中的 Image 组件,分别显示正常图片、不同模式填充图片和加载中及加载异常的图片效果。

2. 实现代码

在项目的 components 文件夹中,添加一个名为"Image"的 .vue 文件,该文件的保存路径是"components\ch11\base\",在文件中加入如代码清单 11-2 所示代码。

代码清单 11-2　Image. vue 代码

```vue
<template>
    <h3>Image 组件</h3>
    <div class="row">
        <p>基础用法</p>
        <van-image class="img" :src="logo2" />
    </div>
    <div class="row">
        <p>填充模式</p>
        <van-image class="img" :src="logo2" :fit="item"
            v-for="(item, index) in fit" :key="index">
            <div class="tip">{{ item }}</div>
        </van-image>
    </div>
    <div class="row">
        <p>加载过程与异常</p>
        <div class="row-item">
            <div>
                <van-image class="img" :src="logo3">
                    <template v-slot:loading>
                        <van-loading type="spinner" size="20" />
                    </template>
                </van-image>
                <div class="tip">加载中</div>
            </div>
            <div>
                <van-image class="img"
                    src="https://123.com/456.png">
                    <template v-slot:error>没加载出来</template>
                </van-image>
                <div class="tip">加载异常</div>
            </div>
        </div>
    </div>
</template>
<script>
import logo2 from "../../../assets/logo2.png"
export default {
    data() {
        return {
            logo2: logo2,
            fit: ["fill", "contain", "none"]
        }
    }
}
</script>
<style scoped>
.row {
    margin: 10px 0;
    padding: 10px 0;
    border-bottom: solid 1px #eee;
```

```
}

.row .row - item {
    display: flex;
}

.row .img {
    width: 100px;
    height: 100px;
    margin - right: 5px;
    border: solid 1px #ccc;
}

.row .img .tip,
.row .row - item .tip {
    text - align: center;
}
</style>
```

3. 页面效果

保存代码后,页面在 Chrome 浏览器下执行的效果如图 11-4 所示。

图 11-4　Image 组件

4. 源码分析

Image 是一款常用组件,首先使用 Image 组件正常加载图片,然后采用遍历的方式加载不同填充模式下的图片,最后演示加载中和加载异常时的图片。在选择图片填充模式时,fill 模式下图片会有拉伸和变形的情况,建议使用 contain 模式,等比展示。

11.2.3　Layout 组件

在 Vant 中,Layout 组件用于元素的响应式布局,分别由 van-row 和 van-col 两个组件来实现,前者表示行,后者被包裹在 van-row 组件中,表示列,共由 24 列栅格组成。在 van-col 组件中,span 属性表示列所占的比例,offset 属性表示列的偏移量。

此外,van-row 和 van-col 其他属性分别如表 11-4 和表 11-5 所示。

表 11-4　van-row 组件常用属性说明

名　　称	说　　明	类　　型	默　认　值
gutter	列元素之间的间距	number | string	
tag	自定义元素标签	string	div
justify	主轴对齐方式	string	start
align	交叉轴对齐方式	string	top
wrap	是否自动换行	boolean	true

表 11-5　van-col 组件常用属性说明

名　　称	说　　明	类　　型	默　认　值
span	列元素宽度	number | string	
offset	列元素偏移距离	number | string	
tag	自定义元素标签	string	div

接下来通过一个完整的实例来演示使用 van-row 和 van-col 组件布局效果。

实例 11-3　Layout 组件

1. 功能描述

创建一个页面,使用 Vant 中的 van-row 和 van-col 组件,分别显示三列布局、带偏移量的布局和居中显示的布局效果。

2. 实现代码

在项目的 components 文件夹中,添加一个名为"Layout"的 .vue 文件,该文件的保存路径是"components\ch11\base\",在文件中加入如代码清单 11-3 所示代码。

代码清单 11-3　Layout. vue 代码

```
<template>
    <h3>Layout 组件</h3>
    <div class = "row">
        <p>基础用法</p>
        <van-row>
            <van-col class = "col" span = "8">span: 8</van-col>
            <van-col class = "col-m" span = "8">span: 8</van-col>
            <van-col class = "col" span = "8">span: 8</van-col>
        </van-row>
    </div>
    <div class = "row">
        <p>列间偏移量</p>
```

```
        < van - row >
            < van - col class = "col" span = "8"> span: 8 </van - col >
            < van - col span = "12" offset = "4" class = "col - m">
                offset: 4, span: 12
            </van - col >
        </van - row >
    </div >
    < div class = "row">
        < p>对齐方式</p >
        < van - row justify = "center">
            < van - col class = "col" span = "6"> span: 6 </van - col >
            < van - col class = "col - m" span = "6"> span: 6 </van - col >
            < van - col class = "col" span = "6"> span: 6 </van - col >
        </van - row >
    </div >
</template >
< script >
export default {

}
</script >
< style scoped >
. row {
    margin: 10px 0;
    padding: 10px 0;
    border - bottom: solid 1px # eee;
}

.col {
    background - color: # eee;
    padding: 5px 0;
    text - align: center;
}

.col - m {
    background - color: # ccc;
    padding: 5px 0;
    text - align: center;
}
</style >
```

3. 页面效果

保存代码后,页面在 Chrome 浏览器下执行的效果如图 11-5 所示。

4. 源码分析

vant-row 和 van-col 结合使用可以实现页面元素的响应式布局,后者必须包裹在前者中。在 van-col 组件中,span 的值表示 24 格中占几格,如值为 8 表示这列占据 8 格,剩余 16 格,可以再次根据需求分配,总量必须在 24 格内。

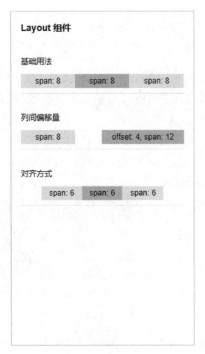

图 11-5 Layout 组件

11.3 Vant 表单组件

表单是数据提交的常用元素,在 Vant 中封装了大量用于数据输入、选择和展示的表单组件,组件模拟移动端的真实应用场景,极大地方便了开发者的使用。接下来介绍移动端常用的数字密码输入、评分显示和手写签名表单组件的使用方法和过程。

11.3.1 PasswordInput 组件

PasswordInput 是一款带网格输入框的组件,用于输入密码和短信验证信息,通常结合数字键盘一起使用。可以通过组件的 length 属性设置密码长度,gutter 属性设置格子之间的间距,mask 属性设置是否需要明文显示。常用的组件属性说明如表 11-6 所示。

表 11-6 PasswordInput 组件常用属性说明

名　　称	说　　明	类　　型	默 认 值
value	密码值	string	
info	输入框下方文字提示	string	
error-info	输入框下方错误提示	string	
length	密码最大长度	number ｜ string	6
gutter	输入框格子之间的间距	number ｜ string	0
mask	是否隐藏密码内容	boolean	true
focused	是否已聚焦,聚焦时会显示光标	boolean	false

接下来通过一个完整的实例来演示 PasswordInput 组件使用的效果。

实例 11-4 PasswordInput 组件

1. 功能描述

创建一个页面,分别添加两个 PasswordInput 组件,一个用于隐藏密码内容显示,另一个用于明文显示密码内容,并共用一个 value 值。单击网格时,显示数字键盘。

2. 实现代码

在项目的 components 文件夹中,添加一个名为"Pwip"的.vue 文件,该文件的保存路径是"components\ch11\form\",在文件中加入如代码清单 11-4 所示代码。

代码清单 11-4 Pwip.vue 代码

```vue
<template>
    <h3>密码输入框</h3>
    <div class = "row">
        <p>基础用法</p>
        <van - password - input :value = "value"
         :focused = "showKeyboard"
         @focus = "showKeyboard = true" />
    </div>
    <div class = "row">
        <p>明文显示</p>
        <van - password - input :value = "value" :mask = "false"
         :focused = "showKeyboard"
         @focus = "showKeyboard = true" />
    </div>
    <van - number - keyboard v - model = "value"
     :show = "showKeyboard"
     @blur = "showKeyboard = false" />
</template>
<script>
export default {
    data() {
        return {
            value: "123",
            showKeyboard: true
        }
    }
}
</script>
<style scoped>
.row {
    margin: 10px 0;
    padding: 10px 0;
    border - bottom: solid 1px # eee;
}
</style>
```

3. 页面效果

保存代码后,页面在 Chrome 浏览器下执行的效果如图 11-6 所示。

图 11-6　PasswordInput 组件

4. 源码分析

PasswordInput 组件的 value 值不仅可以明文显示，还可以结合 error-info 属性一起使用，先使用 watch 侦察 value 属性值；然后，当 value 值发生变化后，则可以与正确值进行比较，如果不正确，则通过 error-info 属性值显示错误信息。

11.3.2　Rate 组件

Rate 组件常用于对事物评级，如商品的质量、用户对服务的满意度等。该组件可以自定义显示的图标、数量和样式，还能显示半星的评分效果。当用户单击图标时，可以获取到最后的评分值。

Rate 组件常用的属性说明如表 11-7 所示。

表 11-7　van-rate 组件常用的属性说明

名　　称	说　　明	类　　型	默　认　值
v-model	当前分值	number	
count	图标总数	number｜string	5
color	选中时的颜色	string	♯ee0a24
void-color	未选中时的颜色	string	♯c8c9cc
icon	选中时的图标名称或图片链接	string	star
allow-half	是否允许半选	是否允许半选	false
touchable	是否可以通过滑动手势选择评分	是否可以通过滑动手势选择评分	true

接下来通过一个完整的实例来演示使用 Rate 组件实现的效果。

实例 11-5　Rate 组件

1. 功能描述

创建一个页面，添加多个 Rate 组件，分别用于正常显示星状图标、自定义爱心图标、半星图标和自定义数量的图标。

2. 实现代码

在项目的 components 文件夹中,添加一个名为"Rate"的. vue 文件,该文件的保存路径是"components\ch11\form\",在文件中加入如代码清单 11-5 所示代码。

代码清单 11-5　Rate. vue 代码

```
<template>
    <h3>Rate 组件</h3>
    <div class = "row">
        <p>基础用法</p>
        <van - rate v - model = "value" />
    </div>
    <div class = "row">
        <p>自定义图标</p>
        <van - rate v - model = "value" icon = "like"
        void - icon = "like - o" />
    </div>
    <div class = "row">
        <p>半星</p>
        <van - rate v - model = "value2" allow - half />
    </div>
    <div class = "row">
        <p>自定义数量</p>
        <van - rate v - model = "value" :count = "6" />
    </div>
</template>
<script>
export default {
    data() {
        return {
            value: 3,
            value2: 2.5
        }
    }
}
</script>
<style scoped>
.row {
    margin: 10px 0;
    padding: 10px 0;
    border - bottom: solid 1px #eee;
}
</style>
```

3. 页面效果

保存代码后,页面在 Chrome 浏览器下执行的效果如图 11-7 所示。

4. 源码分析

Rate 组件不仅可以显示各种状态和数量的评分,还可以绑定组件的 change 事件,当点评值发生变化后,触发该事件,在该事件中获取到 currentValue 值,即当前点评的最新值,可以将该值提交给相应接口,实现保存评分数据的功能。

图 11-7   Rate 组件

11.3.3   Signature 组件

Signature 组件用于页面的手写签名，它的功能基于 Canvas 实现，Vant 版本必须大于或等于 4.3.0 时才能使用该组件。当完成签名并触发绑定的 submit 事件后，可以在事件中获取格式为 base64 字符串的签名图片，实现保存签名数据和显示签名的效果。

Signature 组件常用的属性如表 11-8 所示。

表 11-8   Signature 组件常用属性说明

名　　称	说　　明	类　　型	默　认　值
type	导出图片类型	string	png
pen-color	笔触颜色	string	#000
line-width	线条宽度	number	3
background-color	背景颜色	string	
tips	当不支持 Canvas 时的提示信息	string	
clear-button-text	清除按钮文字	string	清空
confirm-button-text	确认按钮文字	string	确认

Signature 组件常用的事件如表 11-9 所示。

表 11-9   Signature 组件常用事件说明

事　件　名　称	说　　明	回　调　参　数
start	开始签名时触发	
end	结束签名时触发	
signing	签名过程中触发	event：TouchEvent
submit	单击"确定"按钮时触发	data：{ image：string；canvas：HTMLCanvasElement }
clear	单击"取消"按钮时触发	

接下来通过一个完整的实例来演示 Signature 组件使用的效果。

实例 11-6　Signature 组件

1. 功能描述

创建一个页面,添加 Signature 组件,设置组件的背景色和笔的线宽及颜色,当签名完成后,单击"确认"按钮,将签名后的内容显示在图片中。

2. 实现代码

在项目的 components 文件夹中,添加一个名为"Sign"的 .vue 文件,该文件的保存路径是"components\ch11\form\",在文件中加入如代码清单 11-6 所示代码。

代码清单 11-6　Sign.vue 代码

```
<template>
    <h3>Signature 组件</h3>
    <div class="row">
        <p>请书写签名</p>
        <van-signature pen-color="#ff0000"
        :line-width="6" background-color="#eee"
         @submit="onSubmit" @clear="onClear" />
        <van-image v-if="imgUrl" :src="imgUrl" />
    </div>
</template>
<script>
import { showToast } from 'vant';
export default {
    data() {
        return {
            imgUrl: ""
        }
    },
    methods: {
        onSubmit(data) {
            this.imgUrl = data.image;
        },
        onClear() {
            showToast('clear')
        }
    }
}
</script>
<style scoped>
.row {
    margin: 10px 0;
    padding: 10px 0;
    border-bottom: solid 1px #eee;
}
</style>
```

3. 页面效果

保存代码后,页面在 Chrome 浏览器下执行的效果如图 11-8 所示。

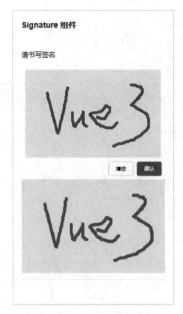

图 11-8　Signature 组件

4. 源码分析

Signature 组件完成签名后，只有绑定了 submit 事件，才能在该事件中获取签名保存的图片，图片的格式是 base64 位的字符串。当单击"清空"按钮时，将会触发绑定的 clear 事件。在 clear 事件中，清空 Canvas 元素的原有内容，用于重新签名。

11.4　Vant 业务组件

业务组件是 Vant 的一大特点，特别是针对移动端商城开发的组件，可以直接运用到商城的开发中，代码也十分简单，大大加快了应用的开发速度。

在众多的业务组件中，Card 卡片、Coupon 优惠券选择器和 SubmitBar 提交订单栏是三款常用的业务组件。接下来结合实例，分别演示它们使用的过程。

11.4.1　Card 组件

Card 组件用于展示商品的完整信息，包括商品图片、价格、标签和促销信息，还可以显示商品的多种标签，自定义商品的底部操作按钮，常用于购物车商品信息的展示和商品列表信息的显示。它的常用属性如表 11-10 所示。

表 11-10　Card 组件常用属性说明

名　　称	说　　明	类　　型	默　认　值
thumb	左侧图片	string	
title	标题	string	
desc	描述	string	
tag	图片角标	string	
num	商品数量	number｜string	

续表

名　　称	说　　明	类　　型	默　认　值
price	商品价格	number ｜ string	
origin-price	商品划线原价	number ｜ string	

接下来通过一个完整的实例来演示 Card 组件实现的效果。

实例 11-7　Card 组件

1. 功能描述

创建一个页面,定义一条包含商品信息的数据,并使用 Card 组件展示这条数据。同时,在底部分别添加自加和自减按钮,当单击按钮时,商品数量进行相应的增加或减少。

2. 实现代码

在项目的 components 文件夹中,添加一个名为"Card"的.vue 文件,该文件的保存路径是"components\ch11\buis\",在文件中加入如代码清单 11-7 所示代码。

代码清单 11-7　Card.vue 代码

```
<template>
    <h3>Card 组件</h3>
    <div class="row">
        <van-card :num="curGoods.num" :tag="curGoods.tag"
          :price="curGoods.price"
          :desc="curGoods.desc"
          :title="curGoods.title" :thumb="curGoods.thumb"
          :origin-price="curGoods.originPrice">
            <template #tags>
                <van-tag plain type="primary">
                    {{ curGoods.tags[0] }}
                </van-tag>
                <van-tag plain type="primary">
                    {{ curGoods.tags[1] }}
                </van-tag>
            </template>
            <template #footer>
                <van-button size="mini" @click="add">
                    +</van-button>
                <van-button size="mini" @click="reduce">
                    -</van-button>
            </template>
        </van-card>
    </div>
</template>
<script>
import goods from "../../../assets/goods.png"
export default {
    data() {
        return {
            curGoods: {
                num: 2, price: 9000,
                desc: "一台笔记本电脑",
```

```
                        title: "thinkpad X1 系列",
                        thumb: goods,
                        originPrice: "11000",
                        tag: "超薄小巧型",
                        tags:["一代经典","超低价格"]
                    }
                }
            },
            methods: {
                add() {
                    this.curGoods.num++;
                },
                reduce() {
                    if (this.curGoods.num > 1)
                        this.curGoods.num -- ;
                }
            }
        }
</script>

<style>
.row {
    margin: 10px 0;
    padding: 10px 0;
    border - bottom: solid 1px #eee;
}

.van - image img {
    object - fit: contain !important;
}
</style>
```

3. 页面效果

保存代码后,页面在 Chrome 浏览器下执行的效果如图 11-9 所示。

图 11-9　Card 组件

4. 源码分析

Card 组件中提供了大量的 slot 插槽,可以很方便地自定义商品的其他标签和操作元素,如在本实例的商品信息底部增加的自加和自减按钮。同时,在操作这类按钮时,通常关联商品的其他信息,如数量,当形成关联关系后,如果用户单击了自加按钮,那么商品数量会自动在原有基础上加 1,同时,展示数量的信息也会自动同步变更。

11.4.2 Coupon 优惠券

商品在展示时,通常会与一些优惠券一起显示,针对这种需求,Vant 提供了专门用于优惠券展示的组件——Coupon。它用于优惠券的选择和兑换。单击 CouponCell 组件时,以弹框形式进入选择,在选择时,由 CouponList 组件显示兑换优惠券列表,当选中某项列表后,再次返回 CouponCell 组件,显示选中项,并减少结算总金额。

Coupon 组件由 CouponCell 和 CouponList 两部分组成,其中,CouponCell 组件的常用属性如表 11-11 所示。

表 11-11 CouponCell 组件常用属性说明

名　称	说　明	类　型	默　认　值
title	单元格标题	string	优惠券
chosen-coupon	当前选中优惠券的索引	number ｜ string	−1
coupons	可用优惠券列表	Coupon[]	[]
editable	能否切换优惠券	boolean	true
border	是否显示内边框	boolean	true
currency	货币符号	string	¥

CouponList 组件的常用属性如表 11-12 所示。

表 11-12 CouponList 组件常用属性说明

名　称	说　明	类　型	默　认　值
chosen-coupon	当前选中优惠券的索引	number	−1
coupons	可用优惠券列表	CouponInfo[]	[]
disabled-coupons	不可用优惠券列表	CouponInfo[]	[]
enabled-title	可用优惠券列表标题	string	可使用优惠券
disabled-title	不可用优惠券列表标题	string	不可使用优惠券
show-exchange-bar	是否展示兑换栏	boolean	true

接下来通过一个完整的实例来演示 Coupon 组件实现的效果。

实例 11-8 Coupon 组件

1. 功能描述

在实例 11-7 的基础之上,添加一个 Coupon 组件,当单击"优惠券"选项时,以弹框形式显示可用优惠券和不可用优惠券的列表;当选中可用优惠券列表中某项优惠时,关闭弹框,并显示选中优惠券的总金额。

2. 实现代码

在项目的 components 文件夹中,添加一个名为"Coupon"的 .vue 文件,该文件的保存路径是"components\ch11\buis\"，在文件中加入如代码清单 11-8 所示代码。

代码清单 11-8　Coupon. vue 代码

```html
<template>
    <div>
        <h3>Coupon 组件</h3>
        <div class="row">
            <van-card :num="curGoods.num" :tag="curGoods.tag"
              :price="curGoods.price"
              :desc="curGoods.desc"
              :title="curGoods.title"
              :thumb="curGoods.thumb"
              :origin-price="curGoods.originPrice">
                <template #tags>
                    <van-tag plain type="primary">
                        {{ curGoods.tags[0] }}
                    </van-tag>
                    <van-tag plain type="primary">
                        {{ curGoods.tags[1] }}
                    </van-tag>
                </template>
                <template #footer>
                    <van-button size="mini" @click="add">
                        +
                    </van-button>
                    <van-button size="mini" @click="reduce">
                        -
                    </van-button>
                </template>
            </van-card>
        </div>
        <!-- 优惠券单元格 -->
        <van-coupon-cell :coupons="coupons"
            :chosen-coupon="chosenCoupon"
            @click="showList = true" />
        <!-- 优惠券列表 -->
        <van-popup :show="showList" round
            position="bottom"
            style="height: 70%; padding-top: 4px;">
            <van-coupon-list :show-exchange-bar="false"
            :coupons="coupons"
            :chosen-coupon="chosenCoupon"
            :disabled-coupons="disabledCoupons"
            @change="onChange" />
        </van-popup>
    </div>
</template>
<script>
import goods from "../../../assets/goods.png"
export default {
    data() {
        return {
```

```
                curGoods: {
                    num: 2, price: 9000,
                    desc: "一台笔记本电脑",
                    title: "thinkpad X1 系列",
                    thumb: goods,
                    originPrice: "11000",
                    tag: "超薄小巧型",
                    tags: ["一代经典", "超低价格"]
                },
                disabledCoupons: [{
                    available: 0,
                    condition: '满 1000 元\n再优惠 200 元',
                    reason: '',
                    value: 20000,
                    name: '老客户惊喜',
                    startAt: 1489104340,
                    endAt: 1514592670,
                    valueDesc: '200',
                    unitDesc: '元'
                }],
                coupons: [{
                    available: 1,
                    condition: '无门槛\n最高优惠 100 元',
                    reason: '',
                    value: 10000,
                    name: '新人惊喜',
                    startAt: 1589304340,
                    endAt: 1634595670,
                    valueDesc: '100',
                    unitDesc: '元'
                }],
                showList: false,
                chosenCoupon: -1
            }
        },
        methods: {
            add() {
                this.curGoods.num++;
            },
            onChange(index) {
                this.showList = false;
                this.chosenCoupon = index;
            },
            reduce() {
                if (this.curGoods.num > 1)
                    this.curGoods.num--;
            }
        }
    }
</script>
<style>
.row {
    margin: 10px 0;
```

```
    padding: 10px 0;
    border - bottom: solid 1px ♯ eee;
}
.van - image img {
    object - fit: contain ! important;
}
</style>
```

3. 页面效果

保存代码后,页面在 Chrome 浏览器下执行的效果如图 11-10 所示。

图 11-10　Coupon 组件

4. 源码分析

在本实例的加粗代码中,CouponCell 组件负责显示优惠券的入口,另外一个组件 CouponList 用于显示优惠券的列表包括可用和不可用的优惠券。列表的数据来源于 coupons 和 disabled-coupons 属性对应的数组。

当单击列表中某项数据时,触发绑定的 change 事件。在事件函数中,获取列表中选中 项的索引号,隐藏弹框,并显示优惠金额。

需要说明的是,每个数组对象中的 value 属性表示优惠券的金额,它的单位是分。例 如,如果优惠券是 200 元,那么,它的值就是 20000。

11.4.3　SubmitBar 提交订单栏

当用户选择商品后,无论是否选择优惠券,最后都要提交订单,完成支付功能。为实现 这个需求,Vant 提供了 SubmitBar 组件,它的功能是用于展示订单金额并提交订单,同时可 以根据提交数据时的状态,改变按钮的状态。

SubmitBar 组件的常用属性如表 11-13 所示。

表 11-13　SubmitBar 组件常用属性说明

名　称	说　明	类　型	默　认　值
price	金额(单位：分)	number	
label	金额左侧文字	string	合计：
button-color	自定义按钮颜色	string	
tip	在订单栏上方的提示文案	string	
currency	货币符号	string	￥
disabled	是否禁用按钮	boolean	false
loading	是否显示将按钮显示为加载中状态	boolean	false

接下来通过一个完整的实例来演示 SubmitBar 组件实现的效果。

实例 11-9　SubmitBar 组件

1. 功能描述

在实例 11-8 的基础之上,添加一个 Coupon 组件,再添加一个 SubmitBar 组件,首次进入时,显示所选商品的总金额,如果修改数量,总金额则自动同步;如果用户选择了优惠券,则总金额将自动减去优惠券金额。

2. 实现代码

在项目的 components 文件夹中,添加一个名为"Subar"的. vue 文件,该文件的保存路径是"components\ch11\buis\",在文件中加入如代码清单 11-9 所示代码。

代码清单 11-9　Subar. vue 代码

```
< template >
    < div >
        < h3 > SubmitBar 组件</h3 >
        < div class = "row">
            < van - card :num = "curGoods.num" :tag = "curGoods.tag"
              :price = "curGoods.price"
              :desc = "curGoods.desc"
              :title = "curGoods.title"
              :thumb = "curGoods.thumb"
              :origin - price = "curGoods.originPrice">
                < template #tags >
                    < van - tag plain type = "primary">
                        {{ curGoods.tags[0] }}
                    </van - tag >
                    < van - tag plain type = "primary">
                        {{ curGoods.tags[1] }}
                    </van - tag >
                </template >
                < template #footer >
                    < van - button size = "mini" @click = "add">
                        +
                    </van - button >
                    < van - button size = "mini" @click = "reduce">
                        -
                    </van - button >
```

```html
                </template>
            </van-card>
        </div>
        <!-- 优惠券单元格 -->
        <van-coupon-cell :coupons="coupons"
            :chosen-coupon="chosenCoupon"
            @click="showList = true" />
        <!-- 优惠券列表 -->
        <van-popup :show="showList" round
            position="bottom"
            style="height: 70%; padding-top: 4px;">
            <van-coupon-list :show-exchange-bar="false"
            :coupons="coupons"
            :chosen-coupon="chosenCoupon"
            :disabled-coupons="disabledCoupons"
            @change="onChange" />
        </van-popup>
        <van-submit-bar :price="sumPrice"
            button-text="提交订单"
            @submit="onSubmit" />
    </div>
</template>
<script>
import goods from "../../../assets/goods.png"
export default {
    data() {
        return {
            curGoods: {
                num: 2, price: 9000,
                desc: "一台笔记本电脑",
                title: "thinkpad X1 系列",
                thumb: goods,
                originPrice: "11000",
                tag: "超薄小巧型",
                tags: ["一代经典", "超低价格"]
            },
            disabledCoupons: [{
                available: 0,
                condition: '满 1000 元\n再优惠 200 元',
                reason: '',
                value: 20000,
                name: '老客户惊喜',
                startAt: 1489104340,
                endAt: 1514592670,
                valueDesc: '200',
                unitDesc: '元'
            }],
            coupons: [{
                available: 1,
                condition: '无门槛\n最高优惠 100 元',
                reason: '',
                value: 10000,
```

```
                name: '新人惊喜',
                startAt: 1589304340,
                endAt: 1634595670,
                valueDesc: '100',
                unitDesc: '元'
            }],
            showList: false,
            chosenCoupon: -1,
            couponValue : 0
        }
    },
    computed: {
        sumPrice() {
            return (this.curGoods.num *
        this.curGoods.price * 100) -
        this.couponValue;
        }
    },
    methods: {
        add() {
            this.curGoods.num++;
        },
        onChange(index) {
            this.showList = false;
            this.chosenCoupon = index;
            this.couponValue = this.coupons[index].value/100;
        },
        reduce() {
            if (this.curGoods.num > 1)
                this.curGoods.num -- ;
        },
        onSubmit(){
            console.log("提交成功了!")
        }
    }
}
</script>
<style>
.row {
    margin: 10px 0;
    padding: 10px 0;
    border-bottom: solid 1px #eee;
}

.van-image img {
    object-fit: contain !important;
}
</style>
```

3. 页面效果

保存代码后,页面在 Chrome 浏览器下执行的效果如图 11-11 所示。

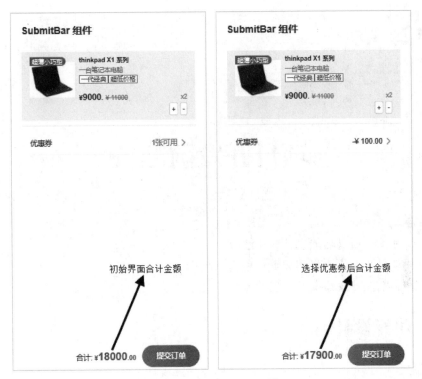

图 11-11　SubmitBar 组件

4. 源码分析

在上述实例的加粗代码中,为了确保合计金额的即时同步,在 computed 中添加了一个名为 sumPrice 的函数,由该函数返回合计金额。在计算合计金额时,需要注意的是,合计金额不仅与商品数量和价格相关,同时,还要减去选中的优惠券金额值。

需要说明的是:在计算合计金额时,无论是商品的价格,还是优惠券的价格,必须统一成一个单位再进行计算,建议统一成分,因此,在 sumPrice 函数计算时,先将商品的价格乘以 100,统一成分,然后才进行计算。

小结

本章先从 Vant 组件库的特点讲起,介绍它的安装与配置过程;然后,再从基础和表单类中精选几个组件,结合实例,详细介绍它们的特点和使用方法;最后,结合一个完整的商品展示、优惠券选择和订单提交的过程,详细介绍业务类组件的使用技巧。

第12章

视频讲解

项目开发前准备

本章学习目标

- 理解和掌握项目功能设计的方法。
- 掌握项目开发的流程和配置过程。
- 理解和掌握开发和发布打包的流程。

12.1 功能设计

一个优秀项目一定会有一个优秀的设计,而功能设计又是项目开发的前提,它也是开发的方向和推动器。项目中所有的开发工作,都应以功能设计为标准和依据,因此,功能设计在项目开发过程中占据十分重要的位置,通常从以下几方面展开。

12.1.1 项目背景

1. 时代背景

一个好的项目一定会与当前主流的价值观相匹配,是顺应时代发展方向的。在 5G 时代背景下,与互联网相关的产品都炙手可热,特别是电商产品。随着在线支付和快递体系的成熟与完善,电商产品已成为各个销售型公司必不可少的项目。

2. 技术分析

在当前的移动互联网时代,电商产品必须兼容各类型的移动终端,而 Web 技术通过自身的灵活性,借助 Vue 3+Vant 4 框架,既可以快速开发 PC 端的 Web 应用,又可以适配各种移动终端,形成 Web App 应用,这种应用无须安装与更新,低成本,高效率,极大地满足了各类移动端客户群体的需求,是开发电商产品的首选技术方案。

3. 未来前景

目前虽然可以借助各大电商平台开设自己的店铺,但成本很高,灵活性差,可拓展性不强,并受到各种功能限制,无法做成自己设计的产品。如果通过 Web 技术开发一款适合自身产品特点的电商产品,这些问题都将迎刃而解。

12.1.2 需求分析

1. 需求获取

需要满足用户在移动终端购物的需求,用户可以登录互联网发布的 Web 应用,可以选择或查询商品,并放入购物车中,完成结算后形成订单,个人用户可以在用户中心查看自己的订单信息和状态。

2. 需求分类

用户在产品中的需求分为分类浏览、查看详细、放入购物车、付款结算和订单查询功能。此外,为了增加用户在产品中的黏性,还增加了业内动态推荐、动态查看、收藏和点赞的功能,用户可以在用户中心查看自己收藏的动态信息,并可以取消收藏。

3. 核心需求

电商项目的核心需求是购买产品,那么,围绕这一个核心需求实现的功能是推荐产品、产品分类、产品详细、购物车、结算订单和订单查看,其余功能前期可搭建框架,完成基本功能,不做深入扩展。

12.1.3 功能模块

根据需求分析,设计出对应的项目功能模块示意图,如图 12-1 所示。

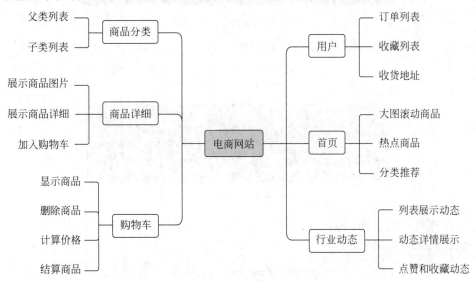

图 12-1 电商项目功能模块图

12.2 项目开发

在明确了项目的各功能模块后,接下来就是项目的开发,开发时通常是分工协作,各自开发对应的功能模块,最后再合并打包发布。在项目正式开发之前,先创建好一个基于Vue 3+Vant 4 框架的项目,并约定好静态资源和数据资源的配置。

12.2.1 创建项目

首先,创建一个 Vue 3 框架的项目。需要先安装 VueCLI 工具,打开计算机终端或命令提示符,输入 npm install -g @vue/cli 指令,安装 5.0 以上版本的 VueCLI 工具,最终效果,如图 12-2 所示。

图 12-2　安装最新版本 VueCLI 工具

安装成功后,再输入 vue --version 指令查看安装的版本号,效果如图 12-3 所示。

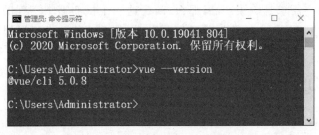

图 12-3　显示 VueCLI 工具版本号

然后,输入 vue create vue3shop 指令,创建一个名称为 vue3shop 的项目,效果如图 12-4 所示。

图 12-4　创建名称为 vue3shop 的项目

最后,进入名称为 vue3shop 的项目文件夹中,安装本项目所需要的依赖模块,需要安装的依赖模块如图 12-5 所示。

```
"@vant/area-data": "^1.5.0",
"core-js": "^3.8.3",
"pinia": "^2.1.6",
"pinia-plugin-persist": "^1.0.0",
"vant": "^4.6.0",
"vue": "^3.2.13",
"vue-router": "^4.2.4"
```

图 12-5　项目需要安装的依赖模块

需要说明的是,依赖模块@vant/area-data 用于订单中地址地区数据的选择,pinia 用于项目的全局数据管理,pinia-plugin-persist 用于 pinia 全局数据的缓存,vant 是用于页面移动端开发的框架,vue-router 是用于项目的路由管理和配置。

12.2.2　配置静态资源

项目创建完成并安装所需要的依赖模块后,接下来需要配置文件夹。首先是静态资源文件夹的配置,本项目中所有的图片资源全部放置在 assets 文件夹下的 images 文件夹中。

在 images 文件夹中,根据所需图片的类型,再创建对应的子类文件夹,最终效果如图 12-6
所示。

图 12-6　图片资源按功能分类

除配置静态图片资源外,公用的方法也放置在一个指定的文件夹下,本项目中全部的公
用函数或方法都放置在名称为 utils 的文件夹下,如图 12-7 所示。

图 12-7　配置全局公用方法

12.2.3　数据源设计

本项目使用 Vue 3＋Vant 4 构建移动端的电商项目,重点是页面开发和功能逻辑的实
现,因此,项目的数据全部来源于静态的 JSON 格式对象,该对象中包含产品、分类和行业动
态的全部数据。全局性的购物车、收藏和订单数据由 pinia 模块保存。静态的对象数据源放
置在 data 文件夹下的 shop.js 文件中,如图 12-8 所示。

图 12-8　配置数据源文件夹

12.3　打包与发布

当完成项目的创建和配置后,就可以按功能模块进入开发阶段。在开发过程中,需要启动配置的服务,展示和验证开发效果。同时,也可以直接打包项目,并将生成的包文件发布到服务器中,实现打包和发布的功能。接下来介绍详细实现的过程。

12.3.1　开发与打包方法

开发过程中,程序员需要验证开发效果,可以在项目文件夹下,执行“npm run serve”指令。执行后,将自动编译源代码,启动浏览器,查看编译后的页面效果,并在浏览器中跟踪数据和调试页面元素。具体效果如图 12-9 所示。

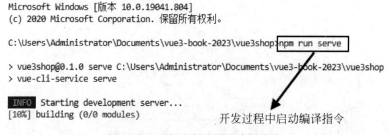

图 12-9　开发时启动项目编译指令

如果项目编译成功,则可以在项目文件夹下,执行“npm run build”指令,打包该项目。通常情况下,打包后的代码放置在名为 dist 的文件夹中,可以直接启动该文件夹中的 index.html 文件,查看打包后的页面效果。也可以将该文件夹发布到服务器中,通过形成的地址查看项目发布后的效果,具体步骤如图 12-10 所示。

打包完成后,自动生成一个名称为 dist 的文件夹,用于保存打包生成的代码,该文件夹的结构如图 12-11 所示。

```
Microsoft Windows [版本 10.0.19041.804]
(c) 2020 Microsoft Corporation. 保留所有权利。

C:\Users\Administrator\Documents\vue3-book-2023\vue3shop>npm run build

> vue3shop@0.1.0 build C:\Users\Administrator\Documents\vue3-book-2023\vue3shop
> vue-cli-service build

All browser targets in the browserslist configuration have supported ES module.
Therefore we don't build two separate bundles for differential loading.
```

项目打包指令

⋮ Building for production...

图 12-10 项目打包指令

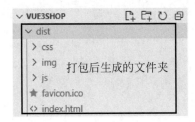

图 12-11 项目打包后自动生成的文件和文件夹

12.3.2 发布时注意事项

虽然打包后的文件夹可以直接发布到服务器中,并通过访问地址的方式进行浏览,但如果在打包时不修改配置文件,那么,发布在服务器的页面,浏览时只能看到空白页。要避免出现这种问题,需要在打包之前,配置好 index.html 页面调用样式和逻辑文件的路径地址。

在项目中,打开 vue.config.js 文件,将其中的代码修改成如以下代码所示。

```
//vue.config.js
module.exports = {
publicPath: process.env.NODE_ENV === 'production'?
'./': '/',
  configureWebpack: {
    module: {
      rules: [
        {
          test: /\.mjs$/,
          include: /node_modules/,
          type: "javascript/auto"
        }
      ]
    }
  }
}
```

在上述代码中,publicPath 为 index.html 调用样式和逻辑文件的路径,如果是在生产环境即打包发布时,该值为“./”,开发编译时,该值为“/”。

小结

本章先从项目功能设计讲起,介绍项目开发的背景、需求和由需求诞生的功能模块。然后,根据形成的项目功能模块,介绍项目的开发流程,包括如何创建一个项目,并配置项目的静态资源,包括图片和数据资源。最后,阐述在项目开发过程中打包和发布的方法,以及解决项目发布后,浏览页面出现空白页的问题。

第⟨13⟩章

项目路由配置

本章学习目标
- 理解和掌握路由的安装和配置方法。
- 掌握路由中 routes 对象配置和传参的方法。
- 理解和掌握路由中错误地址的处理方法。

13.1 创建路由文件

由于使用 Vue 框架开发的项目都是单页应用,各组件间的跳转都依赖于路由模块,在项目中应用路由模块需要经过三个步骤:一是安装路由模块;二是构建一个路由文件,配置项目对应的路由记录;三是将路由文件挂载到 Vue 实例中。下面进行详细介绍。

13.1.1 安装路由模块

路由是 Vue 框架的一个重要模块,它的安装十分简单,只要在项目根目录下,通过指令方式,安装指定版本的路由模块即可。通常情况下,Vue 3 对应的路由版本号是 4 以上的版本,即 Vue-router 4+ 版本,本项目的路由版本是 Vue-router 4.2.4。

打开终端窗口,并进入项目根目录下,在根目录下执行如图 13-1 所示的指令。

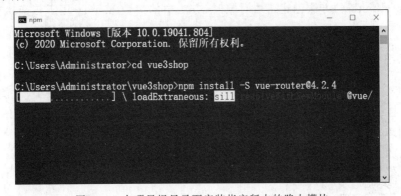

图 13-1 在项目根目录下安装指定版本的路由模块

需要说明的是,在指令中 -S 是一个参数,表示保存安装记录,即在项目的 package.json 文件中,如果安装成功,就会保留一条依赖模块安装的记录,效果如图 13-2 所示。

```
"dependencies": {
    "core-js": "^3.8.3",
    "vue": "^3.2.13",
    "vue-router": "^4.2.4"
},
```

图 13-2　路由模块成功安装后在 package.json 中保存的安装记录

13.1.2　构建路由结构

安装路由模块只是使项目具有路由功能的第一步,接下来,需要通过这个路由模块创建一个实例化的路由对象,并在创建对象时,配置项目中组件与地址的对应关系,并导出这个配置完成的路由对象,用于 Vue 实例的挂载。

因为路由是项目中一个非常独立的模块,因此,在实例化路由对象时,会在项目的 src 目录下创建一个名称为 router 的单独文件夹,并在文件夹中新建一个名称为 index 的 js 文件,用于保存和导出创建完成的路由对象。

在 index.js 加入如代码清单 13-1 所示的代码。

代码清单 13-1　index.js 代码

```
import { createRouter, createWebHistory } from 'vue-router';

//配置组件对应路径
const routes = []
const router = createRouter({
    history: createWebHistory(process.env.BASE_URL),
    routes
})
export default
router
```

在上述代码清单 13-1 中,先导入两个创建路由对象需要的方法,一个是 createRouter,另一个是 createWebHistory。前者用于创建一个路由对象,后者用于创建路由的执行模式,在调用 createRouter()方法创建路由对象时,方法中的参数 history 用于传递执行模式,而参数 routes 则用于传递项目中各组件与地址的配置关系,最后导出创建完成的 router 对象。

13.1.3　挂载路由文件

当路由对象创建完成并导出后,接下来需要挂载到 Vue 实例化对象中,才能在整个项目中生效。挂载的方法是,打开 src 目录下的 main.js 文件,加入代码如代码清单 13-2 所示。

代码清单 13-2　main.js 代码

```
import { createApp } from 'vue'
import App from './App.vue'
import router from './router/index'

let app = createApp(App);
app.use(router);
app.mount('#app')
```

在上述代码清单 13-2 中,先使用 import 导入已创建完成的 router 对象;接下来,由于很多导入的模块需要挂载至实例中,因此,先将 createApp()方法创建的实例对象保存在 app 变量中,再使用 use()方法挂载 router 路由模块。

13.2 配置路由对象

通过 13.1 节中的三个步骤,项目中已将创建完成的路由对象挂载到 Vue 实例中,但路由对象中的 routes 是一个空数组,还需要配置地址与组件的对应关系,并添加到数组中,在配置过程中可以按需加载组件,并指定路由传参名称和错误请求跳转地址。

13.2.1 按需加载组件

构建一个 routes 数组对象必须包含两个属性,一个是 path 属性,表示路由跳转的地址;另外一个是 component 属性,表示跳转地址对应的组件。除这两个必需属性外,还可以添加 name 和 meta 属性,前者表示每个路由的名称,后者表示每个路由的元信息。

保存路由元信息的 meta 属性无论是否定义,都可以通过 this. $ route. meta 方式获取到该路由的元信息,如果未定义,则返回一个空对象。元信息中可以验证用户是否登录、设置标题和缓存,同时,还可以设置一个值,由该值决定是否显示或隐藏某个组件或元素。

本项目中的 routes 数组对象都是一个路径对应一款组件的形式,详细的 routes 数组内容如下列代码所示。

```
{
    path: '/',
    name: 'home',
    meta: {
        showTabBar: true
    },
    component: () =>
    import('../components/RtHome.vue')
},
{
    path: '/cate',
    name: 'cate',
    meta: {
        showTabBar: true
    },
    component: () =>
    import('../components/category/RtIndex.vue')
},
{
    path: '/news',
    name: 'news',
    meta: {
        showTabBar: true
    },
    component: () =>
    import('../components/news/RtList.vue')
},
```

```
    {
        path: '/disp',
        name: 'disp',
        meta: {
            showTabBar: false
        },
        component: () =>
        import('../components/news/RtDisplay.vue')
    },
    {
        path: '/cart',
        name: 'cart',
        meta: {
            showTabBar: false
        },
        component: () =>
        import('../components/cart/RtIndex.vue')
    },
    {
        path: '/pay',
        name: 'pay',
        meta: {
            showTabBar: false
        },
        component: () =>
        import('../components/pay/RtIndex.vue')
    },
    {
        path: '/paysuccess',
        name: 'paysuccess',
        meta: {
            showTabBar: false
        },
        component: () =>
import('../components/pay/components/RtPaySuccess.vue')
    },
    {
        path: '/product',
        name: 'product',
        meta: {
            showTabBar: false
        },
        component: () =>
        import('../components/product/RtIndex.vue')
    },
    {
        path: '/collect',
        name: 'collect',
        meta: {
            showTabBar: false
        },
        component: () =>
import('../components/my/components/RtCollectList.vue')
```

```
        },
        {
            path: '/addresslist',
            name: 'addresslist',
            meta: {
                showTabBar: false
            },
            component: () =>
            import('../components/my/address/RtList.vue')
        },
        {

            path: '/addressedit',
            name: 'addressedit',
            meta: {
                showTabBar: false
            },
            component: () =>
            import('../components/my/address/RtEdit.vue')
        },
        {

            path: '/my',
            name: 'my',
            meta: {
                showTabBar: true
            },
            component: () =>
            import('../components/my/RtIndex.vue')
        }
```

在上述路由对象配置中，meta 属性值是一个对象，对象中的 showTabBar 属性表示是否显示底部的导航条。如果属性值为 true 表示显示，否则隐藏导航条。component 属性值是一个函数，这种函数执行的形式可以实现路径对应组件的按需加载。

13.2.2　路由传参

路由除跳转到对应组件的功能外，还可以在跳转时携带参数，携带时，如果是 query 形式，则无须设置路由；如果是 params 形式，则需要在配置路由时，进行声明。本项目中有一处路由地址需要使用 params 形式传参，具体实现代码如下。

```
    {
        path: '/order/:active',
        name: 'order',
        meta: {
            showTabBar: false
        },
        component: () =>
    import('../components/my/components/RtOrderList.vue')
    },
```

在上述路由对象配置中，:active 表示路径中定义了一个名称为 active 的变量，变量的值可以通过路由传递，如"/order/0"或"/order/1"形式，则表示 active 的值分别为 0 和 1，取值时，可以通过路由对象的 params 属性直接获取。

13.2.3 配置错误地址

在开发 Web 项目时,需要考虑用户输入错误地址时的响应页面,因此,首先在 src 文件夹下添加一个 error 文件夹,并在该文件夹中创建一个名为 ErrPage 的 vue 文件,用于显示错误地址响应的页面信息,在该文件中加入如代码清单 13-3 所示的代码。

代码清单 13-3 ErrPage.vue 代码

```
<template>
  <div class = "errPage">
    <div class = "err - tip">
      <div>
        <img src = "@/assets/images/404.png" alt = "" />
        <ul>
          <li class = "err - title" style = " color: #262626">
            抱歉,你访问的页面不存在!
          </li>
          <li class = "err - title">
            内容不存在,可能为如下原因导致:
          </li>
          <li><span>①</span>内容还在审核中</li>
          <li><span>②</span>内容以前存在,但是因违规而被删除
          <li><span>③</span>内容地址错误</li>
          <li><span>④</span>作者删除了内容</li>
        </ul>
      </div>
    </div>
  </div>
</template>
<script>
export default {}
</script>
<style scoped>
.errPage {
  margin: 20px 0 0px;
}

.errPage .err - tip {
  margin: auto;
  min - height: 650px;
  display: flex;
  flex - direction: column;
  align - items: center;
}

.errPage .err - tip ul {
  margin: 10px 0 0 35px;
  padding: 0;
  list - style: none;
}

.errPage .err - tip ul .err - title {
```

```
    margin – bottom: 10px;
    font – size: 16px;
}

.errPage .err – tip ul li {
    margin: 8px;
    font – size: 14px;
    color: gray;
}

.errPage .err – tip ul li span {
    font – size: 14px;
}
</style>
```

然后,在路由配置文件 src\router\index.js 中,再添加一个路由对象。在对象中,通过正则表达式,捕捉到错误的路径信息,再根据这样的路径信息,按需加载名称为 ErrPage 的组件,具体实现的代码如下。

```
{
    path: '/:pathMatch(. * ) * ',
    name: 'ErrPage',
    component: () = > import('../error/ErrPage.vue'),
}
```

最后,如果在地址栏中输入一个错误路径,将会自动跳转到 ErrPage 组件实现的页面中,具体页面效果如图 13-3 所示。

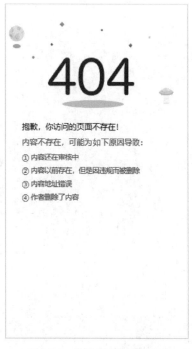

图 13-3 输入错误地址页面

小结

路由是项目开发时的一项重要功能,本章先从在 Vue 3 框架中安装路由模块讲起,详细地介绍路由模块的安装、路由对象的创建和挂载至 Vue 实例的过程,然后着重介绍创建 route 数据对象的方式,包括按需加载组件、路由传参和错误地址的方式。

第<14>章

商城首页开发

本章学习目标

- 理解和掌握 Vant 4 中 Swipe 组件的应用。
- 掌握 Grid 组件的布局过程和应用方法。
- 掌握 TabBar 组件跳转和焦点获取方法。

14.1 轮播和推荐商品

首页是商城的门面,布局结构尤为重要。为了能动态地展示更多的商品,通常会在顶部添加一个轮播图,并使用导航条上下包裹它,使其结构更加合理;同时,将重点需要推荐的爆款产品放置在底部的显眼位置,共同组成首页的第一屏。

14.1.1 页面效果

首页的第一屏包括商城标志的顶部固定显示,轮播图和爆款商品的推荐展示。最终实现的页面效果如图 14-1 所示。

图 14-1　首页第一屏页面效果

14.1.2　轮播图制作

在图 14-1 中,第一屏页面的制作由多个单独的组件完成,为了方便按功能开发,首先在项目 src\components 目录下,添加一个名称为 index 的文件夹,用于保存所有制作首页的组件,该文件夹的目录结构如图 14-2 所示。

在图 14-2 的文件结构中,组件 RtHeader 用于显示商城标志和服务主旨,它实现的代码如代码清单 14-1 所示。

图 14-2　index 目录下的
　　　　 文件结构

代码清单 14-1　RtHeader.vue 代码

```html
<template>
    <van-row>
        <van-col :span="24" class="header">
            <van-image class="logo"
            :src="logo" fit="contain" />
        </van-col>
    </van-row>
    <van-row>
        <van-col :span="24" class="header-nav">
            <van-image class="nav" :src="nav" fit="contain" />
        </van-col>
    </van-row>
</template>
<script>
import logo from "@/assets/images/logo.jpg"
import nav from "@/assets/images/nav.png"
export default {
    data() {
        return {
            logo: logo,
            nav: nav
        }
    }
}
</script>
<style scoped>
.header {
    position: fixed;
    top: 0;
    background: white;
    z-index: 1;
    width: 100%;
    border-bottom: 1px solid #eee;
}

.header-nav {
    margin-top: 50px;
}

.logo {
    width: 100px;
    height: 50px;
```

```
        margin - left: 10px;
    }

    .nav {
        width: 100 % ;
        height: 50px;
    }
</style>
```

在上述代码中,使用了 Vant 4 框架中的 van-row 和 van-col 两个组件来实现页面的弹性布局效果,前者表示行,后者表示列。一行 24 列栅格,可以通过在 van-col 组件上添加 span 属性设置列所占的宽度百分比,如该值为 24,则占 100%,表示通行显示。

在图 14-2 的文件结构中,RtSwipe 组件用于显示首页轮播图的制作,它实现的代码如代码清单 14-2 所示。

代码清单 14-2　RtSwipe. vue 代码

```
< template >
    < van - swipe class = "rt - swipe" :autoplay = "3000"
            indicator - color = "white">
        < van - swipe - item v - for = "item, key in swiper"
            :key = "key">
            < a :href = "item.url">
                < van - image fit = "fill" :src = "item.src" />
            </a>
        </van - swipe - item >
        < template # indicator = "{ active, total }">
            < div class = "custom - indicator">
                {{ active + 1 }}/{{ total }}
            </div>
        </template >
    </van - swipe >
</template >
< script >
import swipe0 from "@/assets/images/swipe/swipe0.jpg"
import swipe1 from "@/assets/images/swipe/swipe1.jpg"
import swipe2 from "@/assets/images/swipe/swipe2.jpg"
import swipe3 from "@/assets/images/swipe/swipe3.jpg"
export default {
    data() {
        return {
            swiper: [
                { src: swipe0, url: "http://www.baidu.com" },
                { src: swipe1, url: "http://www.baidu.com" },
                { src: swipe2, url: "http://www.baidu.com" },
                { src: swipe3, url: "http://www.baidu.com" },
            ]
        }
    }
}
</script >
< style scoped >
.rt - swipe {
```

```
        height: 180px;
        margin - top: - 5px;
    }
    .rt - swipe .van - swipe - item {
        color: #fff;
        font - size: 20px;
        text - align: center;
    }
    .rt - swipe .custom - indicator {
        position: absolute;
        right: 10px;
        bottom: 10px;
        color: #fff;
        padding: 2px 5px;
        font - size: 12px;
        background: rgba(0, 0, 0, 0.1);
    }
</style>
```

在上述代码中,使用 Swipe 组件实现商品图片的轮播功能,每一个 SwipeItem 组件代表一张轮播的卡片,通过 autoplay 控制自动轮播的间隔时间;使用 show-indicators 属性设置是否显示指示器,还可以通过 indicator 插槽去自定义指示器的样式。

需要说明的是,如果对轮播图的默认高度不满意,可以向 Swipe 组件添加样式,自定义组件的默认高度。

在图 14-2 的文件结构中,RtNav 组件用于导航条中的多图显示,它实现的代码如代码清单 14-3 所示。

代码清单 14-3　RtNav.vue 代码

```
< template >
    < van - row class = "nav - row">
        < van - col :span = "6" class = "nav - col"
            v - for = "item, key in imgs" :key = "key">
                < a :href = "item.url">
                    < van - image class = "img"
                        :src = "item.src" fit = "contain" />
                </a>
        </van - col >
    </van - row >
</template>
< script >
import nav_dz from "@/assets/images/navs/nav_dz.jpg";
import nav_pb from "@/assets/images/navs/nav_pb.jpg";
import nav_pj from "@/assets/images/navs/nav_pj.jpg";
import nav_xg from "@/assets/images/navs/nav_xg.jpg";
export default {
    data() {
        return {
            imgs: [
                { src: nav_dz, url: "http://www.baidu.com" },
                { src: nav_pb, url: "http://www.baidu.com" },
```

```
                { src: nav_pj, url: "http://www.baidu.com" },
                { src: nav_xg, url: "http://www.baidu.com" }
            ]
        }
    }
}
</script>
<style scoped>
.nav-row {
    padding: 10px 0;
    border-bottom: 1px solid #eee;
}
.nav-col {
    text-align: center;
}

.img {
    width: 70px;
}
</style>
```

上述代码中，为了实现在一行中弹性显示 4 张图片，使用 van-row 组件，并将 van-col 组件中的 span 属性设置为 6，使每列在 24 个栅格中均匀显示。

14.1.3　爆款商品推荐

爆款商品也是广告推荐商品，它由图 14-2 中名为 RtAdProd 的组件实现，实现的代码如代码清单 14-4 所示。

代码清单 14-4　RtAdProd.vue 代码

```
<template>
    <van-row>
        <van-col :span="24" class="ad-title">
            <h3>{{ ad.title }}</h3>
        </van-col>
    </van-row>
    <van-row>
        <van-col :span="24" class="ad-url">
            <img :src="ad.url" />
        </van-col>
    </van-row>
</template>
<script>
import ad0 from "@/assets/images/ads/ad0.jpg"
export default {
    data(){
        return{
            ad:{
                title:"爆款产品",
                url:ad0
            }
        }
    }
```

```
}
</script>
< style scoped >
    .ad - title{
        margin: 10px 0;
        padding: 0 15px;
        font - size: 15px;
    }
    .ad - url img{
        width:100 % ;
    }
</style>
```

在上述组件的代码中,它的结构分成两个部分,一部分是标题,另一部分是商品图片。如果多处需要这种推荐商品的显示格式,可以将这两部分的动态内容通过组件属性的形式进行传递,从而进一步扩展该组件的复用性。

14.2 热点商品列表

首页的第一屏由 4 款组件分别实现;第二屏是热点商品列表,通过图文并茂的形式,在一行中显示两个商品信息。商品信息源于一个 JSON 格式的数据源,并借助 Grid 组件,将数据源通过遍历的形式,显示在页面组件中。

14.2.1 页面效果

第二屏以列表的形式,并自定义样式展示热点商品的关键信息,包含商品名称、特征和价格,第二屏实现的页面效果如图 14-3 所示。

图 14-3 首页第二屏页面效果

14.2.2 列表数据源

热点商品的展示数据，源于 shop.js 文件中的 prod 属性值，它的内容如下。

```
prods:[
    {
        id: 1001,
        title: "X18 青春版",
        price: "1100.00",
        desc: '潮流镜面渐变色',
        bright: "花呗免息,0 首付 0 利率轻松购机",
        src: p01,
        imgs:[pimg1, pimg2, pimg3, pimg4, pimg5],
        detail:'< h3 >包装清单</h3>< span >标配</span>< p > X18 青春版 A ＊1 </p>< p >
取卡针 ＊1 </p>< p > XE680 线控耳机 ＊1 </p>< p >闪充充电头 ＊1 </p>< p > USB 数据线</p>< p
>透明后盖保护壳 ＊1 </p>< p >快速入门指南 ＊1 </p>< p >重要信息和保修卡</p>< h3 >其他参
数</h3>< div >< p > CPU </p>< p >高通骁龙八核 MSM8976SG(MSM8976pro </p>< /div >',
        swiper: [
            { src: pswipe1, url: "http://www.baidu.com" },
            { src: pswipe2, url: "http://www.baidu.com" },
            { src: pswipe3, url: "http://www.baidu.com" }
        ]
    },
    {
        id: 1002,
        title: "X20Plus 全面屏",
        price: "1500.00",
        desc: 'X20A 18:9 高清全面屏',
        bright: "感恩促销直降 200,到手价 2598",
        src: p02,
        imgs:[pimg6, pimg7],
        detail:'< h3 >包装清单</h3>< span >标配</span>< p > X9s Plus A ＊1 </p>< p >取卡
针 ＊1 </p>< p > XE680 线控耳机 ＊1 </p>< p >闪充充电头 ＊1 </p>< p > USB 数据线</p>< p >透
明后盖保护壳 ＊1 </p>< p >快速入门指南 ＊1 </p>< p >重要信息和保修卡</p>< h3 >其他参数</
h3>< div >< p > CPU </p>< p >高通骁龙八核 MSM8976SG(MSM8976pro </p>< /div >',
        swiper: [
            { src: pswipe4, url: "http://www.baidu.com" },
            { src: pswipe5, url: "http://www.baidu.com" },
            { src: pswipe6, url: "http://www.baidu.com" }
        ]
    },
    {
        id: 1003,
        title: "Y69 全面屏手机",
        price: "2500.00",
        desc: '前置 2400 万像素',
        src: p03
    },
    {
        id: 1004,
        title: "Xplay6 128G 版",
        price: "1800.00",
```

```
            desc: '后置双摄,镭射镌刻',
            src: p04
        }
    ]
```

需要说明的是,在 src\data 目录下,新建了一个名为 shop.js 的文件,用于保存整个项目中页面所使用的数据。该数据是一个对象,对象中的 prods 属性值则是一个数组,用于保存项目中全部的商品数据信息。因此,热点商品列表可以直接调用该数组。

14.2.3 列表制作

确定列表调用的数据源后,接下来可以使用 Grid 组件展示数据源信息,该功能由 RtSuggest 组件完成,它实现的代码如代码清单 14-5 所示。

代码清单 14-5　RtSuggest.vue 代码

```
<template>
    <van-grid :column-num = "2" class = "prod-grid">
        <van-grid-item v-for = "item, key in prods"
            :key = "key" @click = "enter(item.id)"
            class = "prod-item">
            <van-image :src = "item.src" />
            <h3>{{ item.title }}</h3>
            <p>{{ item.desc }}</p>
            <div class = "price">&yen;{{ item.price }}</div>
        </van-grid-item>
    </van-grid>
</template>
<script>
import data from "@/data/shop"
export default {
    data() {
        return {
            prods: data.prods
        }
    },
    methods: {
        enter(id) {
            this.$router.push({
                path: '/product',
                query: { id: id }
            })
        }
    }
}
</script>
<style scoped>
.prod-grid {
    margin-bottom: 50px;
}

.prod-item h3 {
```

```
        font - size: 15px;
        margin: 5px 0;
    }

    .prod - item p {
        font - size: 13px;
        color: #ccc;
        margin - bottom: 5px;
    }

    .prod - item .price {
        font - size: 14px;
        color: red;
    }
</style>
```

在上述代码中,使用 Grid 组件包裹遍历的组件项 GridItem,并通过插槽自定义格子展示商品内容。column-num 属性设置宫格显示的列数,当单击某格子时,触发绑定的 click 事件,并执行事件函数 enter,在函数中,携带商品 id,跳转到商品详细页面中。

14.3 底部导航条制作

在移动终端中,可以使用底部导航条,实现各页面之间的相互切换。在 Vant 4 中,底部导航条由 TabBar 组件来实现。由于它的功能针对的是整个项目,因此在构建时,该组件通常被放置在一个独立的文件夹中。

14.3.1 页面效果

底部导航条的功能是根据页面路由切换的不同,以焦点样式显示选中的导航条选项,其他选项处于未选中状态,实现的页面效果如图 14-4 所示。

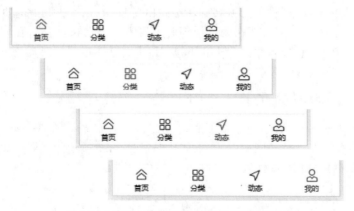

图 14-4 底部导航条切换时的各种选中效果

14.3.2 实现代码

由于底部导航条是一个全局的功能模块,因此,在项目的 src\components 目录下,新建一个名称为 bottom 的文件夹,在该文件夹下,新建一个名称为 RtTabBar 的 Vue 组件,在该组件中,加入如代码清单 14-6 所示的代码。

代码清单 14-6　RtTabBar.vue 代码

```
<template>
    <van-tabbar v-model="active" v-show="blnShow">
        <van-tabbar-item replace to="/" icon="home-o">
        首页
        </van-tabbar-item>
        <van-tabbar-item replace to="/cate" icon="apps-o">
        分类
        </van-tabbar-item>
        <van-tabbar-item replace to="/news" icon="guide-o">
        动态
        </van-tabbar-item>
        <van-tabbar-item replace to="/my" icon="user-o">
        我的
        </van-tabbar-item>
    </van-tabbar>
</template>
<script>
export default {
    data() {
        return {
            active: 0
        }
    },
    props: ["blnShow"],
}
</script>
```

在上述代码中,van-tabbar 用于构建导航条的外围结构,v-model 属性值为绑定选中选项的索引值,通过修改 v-model 即可切换选中的选项;van-tabbar-item 用于创建导航条中的各个选项,在选项中,to 属性值为跳转的目标路由对象,icon 属性值为选项的图标。

需要说明的是,由于许多页面在浏览详细时不再需要导航条,因此,在 TabBar 组件中,添加一个 v-show 属性,它的属性值为 blnShow,由其他组件在调用时动态传入;如果该值为 true,则显示底部导航条,否则隐藏底部导航条。

14.3.3　调用导航条

在创建一个 Vue 3 项目时,默认项目的启动组件是根目录下的 App.vue 文件,该文件也是整个项目的根组件。打开该文件,加入如代码清单 14-7 所示的代码。

代码清单 14-7　App.vue 代码

```
<template>
  <router-view></router-view>
  <rt-tab-bar
      :blnShow="router.currentRoute.meta.showTabBar"/>
</template>
```

```
< script >
import RtTabBar from "./components/bottom/RtTabBar.vue";
import { useRouter } from "vue-router";
export default {
  name: 'App',
  data(){
    return{
      router: useRouter()
    }
  },
  components: {
    RtTabBar
  }
}
</script>


< style >
#app {
  font-family: Avenir, Helvetica, Arial, sans-serif;
  -webkit-font-smoothing: antialiased;
  -moz-osx-font-smoothing: grayscale;
}
h3,
p {
  padding: 0;
  margin: 0;
}
</style>
```

在上述代码中,rt-tab-bar 用于显示底部导航条。在调用该组件之前,先使用 import 导入,再通过 components 对象声明导入的组件,最后才能在模板中直接调用。调用时,blnShow 值为当前路由中 meta 对象的 showTabBar 属性值,该值在配置路由时已手动设置。

在上述代码的模板中,除使用 TabBar 组件显示底部导航条外,还调用 router-view 显示路由地址对应的组件。由于启动时,路由地址为“/”根目录,在路由配置文件中,该地址对应的组件名为 RtHome,该组件的代码如代码清单 14-8 所示。

代码清单 14-8　RtHome.vue 代码

```
< template >
  < rt-header />
  < rt-swipe />
  < rt-nav />
  < rt-ad-prod />
  < rt-suggest />
</template>


< script >
import RtHeader from "./index/RtHeader.vue";
import RtSwipe from "./index/RtSwipe.vue";
import RtNav from "./index/RtNav.vue";
import RtAdProd from "./index/RtAdProd.vue";
```

```
import RtSuggest from "./index/RtSuggest.vue";

export default {
  name: 'RtHome',
  components: {
    RtHeader,
    RtSwipe,
    RtNav,
    RtAdProd,
    RtSuggest
  }
}
</script>

<style></style>
```

从上述组件的代码可以看出,RtHome 是一个调用首页中各个子类功能模块的集合组件,这种层级结构有利于首页中各功能模块的分发和配置。

小结

本章先从首页的轮播图和推荐商品的实现讲起,详细说明 van-swipe 和 van-row 的应用方法;然后介绍热点商品的列表展示方法,阐述使用 Grid 组件的使用过程;最后通过完整的实例,介绍 TabBar 组件的功能和应用方法。

第 ⟨15⟩ 章

商品分类页开发

视频讲解

本章学习目标

· 理解和掌握 Vant 4 中 Search 组件的应用。

· 掌握 SideBar 组件的功能和应用方法。

· 掌握和理解 Vue 3 中父子组件相互传值的方法。

15.1 分类页查询功能

商品分类别展示是商城项目开发时的一项重要功能,并且在展示时,由于商品类别众多,还需要添加一个查询功能,以方便用户查找自己需要的类别。

15.1.1 页面效果

商品类别查询功能通常放置在页面的顶部,使用一个左侧带查询图标的文本输入框,当用户在输入框中输入查询内容时,列表区将自动显示查询的结果。最终实现的页面效果如图 15-1 所示。

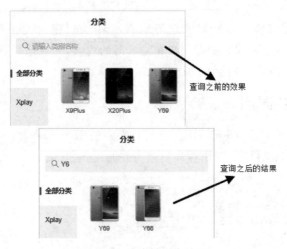

图 15-1 分类页查询效果

15.1.2　组件代码

在 src\components 目录下,新建一个名为 category 的文件夹,该文件夹中保存所有与商品分类有关的组件,它的目录结构如图 15-2 所示。

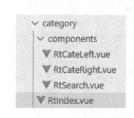

在图 15-2 所示的目录结构下,RtIndex 是商品类别的首页组件,它依赖的子类组件放置在 components 文件夹中。在该文件夹中,由名为 RtSearch 的组件实现查询类别名称的功能,它实现的代码如代码清单 15-1 所示。

图 15-2　分类文件夹下的目录结构

代码清单 15-1　RtSearch. vue 代码

```
< template >
    < van - search v - model = "searchkey"
     @ input = "onInputSearch" placeholder = "请输入类别名称" />
</template>
< script >
export default {
    data() {
        return {
            searchkey: ""
        }
    },
    methods: {
        onInputSearch() {
            this. $ emit("onInputSearch", this. searchkey)
        }
    }
}
</script>
```

在上述代码中,使用 Search 组件实现类别的查询功能,组件的 v-model 属性绑定输入的查询字符,input 事件可以即时捕捉用户在输入时的内容,并在该事件中,通过自定义组件事件的方式,将查询的内容返回给父类组件。

15.1.3　组件调用

所有的商品分类子组件,都被 category 文件夹中的 RtIndex 组件调用。该组件负责组合分类的各个子类功能组件,它调用查询功能组件的代码如下。

```
< template >
  < van - nav - bar title = "分类" />
  < rt - search  @onInputSearch = "onInputSearch" />
  //省略其他代码
</template>
< script >
import RtSearch from "./components/RtSearch.vue";
export default {
```

```
    name: 'RtIndex',
    data() {
      return {
        curItems: [],
        searchkey:""
      }
    },
    components: {
      RtSearch
    },
    methods: {
      onInputSearch(key){
          this.curItems = this.rightItems.filter
            (item = > item.name.includes(key))
      }
    }
}
</script>
```

在上述代码中，先导入 RtSearch 组件，然后在 components 对象中声明导入的组件，最后在模板中使用该组件。使用时，绑定组件自定义的 onInputSearch 事件，在该事件中获取到返回的查询内容，并根据内容，通过 includes()方法过滤对应的记录。

15.2　分类左侧导航

在商品分类页中，除了实现查询类别名称功能外，还需要实现左侧焦点导航功能，即以选项卡的形式展示全部的类别名称。当单击某个名称时，该名称自动获取选中焦点，同时，分类右侧栏显示对应名称的类别列表。

15.2.1　页面效果

以纵向选项卡的形式显示全部的类别名称，实现的页面效果如图 15-3 所示。

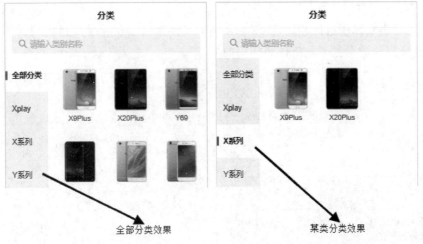

图 15-3　分类左侧导航的页面效果

15.2.2 组件代码

在图 15-2 所示的目录结构下,由名为 RtCateLeft 的组件实现分类左侧导航条的功能,它实现的代码如代码清单 15-2 所示。

代码清单 15-2　RtCateLeft. vue 代码

```
<template>
    <van-sidebar v-model = "active" @change = "onChange">
        <van-sidebar-item :title = "item.name"
            v-for = "item,key in items" :key = "key" />
    </van-sidebar>
</template>
<script>
export default {
    data(){
        return{
            active: 0
        }
    },
    methods:{
        onChange(idx){
            this. $ emit("onChange",idx)
        }
    },
    props:["items"]
}
</script>
```

在上述代码中,使用 van-sidebar 实现垂直方向的侧边栏,侧边栏中的全部选项则由 van-sidebar-item 绑定,van-sidebar 通过 change 事件,可以获取到切换侧边栏的索引号,并将该索引号通过组件的自定义事件 onChange 返回给父组件。

15.2.3 组件调用

与调用分类查询子组件相同,全部的分类子组件都被 category 文件夹中的 RtIndex 组件调用,它调用分类左侧导航组件的代码如下。

```
<template>
    //省略部分代码
    <rt-cate-left :items = "leftItems"
        @onChange = "onChange" />
</template>

<script>
import data from "@/data/shop"
import RtCateLeft from "./components/RtCateLeft.vue";
export default {
  name: 'RtIndex',
  data() {
```

```
      return {
        leftItems: data.leftItems,
        curItems: []
      }
    },
    components: {
      RtCateLeft
    },
    methods: {
      onChange(idx) {
        this.curItems = [];
        if (idx) {
          this.curItems = this.rightItems.filter
              (item => item.cid == idx);
        } else {
          this.curItems = this.rightItems;
        }
      }
    }
  }
</script>
```

在上述代码片段中,当在模板中调用 rt-cate-left 时,需要通过属性的方式向子组件传递左侧全部显示的分类名称数据 items。同时,当单击左侧导航条某个分类名称时,触发绑定组件的 onChange 事件,在该事件中,获取返回的单击索引号,并判断该索引号的值是否为空,如果为空,则显示全部,否则根据该索引号过滤对应的记录。

15.3　分类右侧列表

分类页的右侧是一个显示结果的列表,当查询内容或左侧导航选项发生变化时,该列表的显示数据将会自动同步变更,实现用户操作与数据展示实时同步的效果。

15.3.1　页面效果

分类右侧列表的数据由每行三列的表格显示,实现的页面效果如图 15-4 所示。

图 15-4　右侧列表展示效果

15.3.2　组件代码

在图 15-2 所示的目录结构下,由名为 RtCateRight 的组件实现分类右侧列表显示的功能,它实现的代码如代码清单 15-3 所示。

代码清单 15-3　RtCateRight.vue 代码

```
<template>
    <van-grid :column-num = "3" :border = "false">
        <van-grid-item v-for = "item, key in items"
            class = "prod-item" :key = "key">
            <van-image :src = "item.src" />
            <p>{{ item.name }}</p>
        </van-grid-item>
    </van-grid>
</template>
<script>
export default {
    props: ["items"]
}
</script>
<style scoped>
.prod-item p {
    font-size: 13px;
    color: #666;
    margin-top: 5px;
}
</style>
```

在上述代码中,调用 van-grid 实现数据以列表形式展示,column-num 属性控制列表中每行显示的列数,van-grid-item 绑定每个单元格中的数据,并通过 van-image 显示单元格中的图片,全部的单元格数据由组件的 items 属性值传入。

15.3.3　组件调用

全部的分类子组件都被 category 文件夹中的 RtIndex 组件调用,它同样调用了分类右侧列表的子组件,它的完整代码如代码清单 15-4 所示。

代码清单 15-4　RtIndex.vue 代码

```
<template>
    <van-nav-bar title = "分类" />
    <rt-search  @onInputSearch = "onInputSearch" />
    <div class = "cate">
        <div class = "cate-left">
            <rt-cate-left :items = "leftItems"
                @onChange = "onChange" />
        </div>
        <div class = "cate-right">
            <rt-cate-right :items = "curItems" />
        </div>
```

```
    </div>
  </template>

  <script>
  import data from "@/data/shop"
  import RtSearch from "./components/RtSearch.vue";
  import RtCateLeft from "./components/RtCateLeft.vue";
  import RtCateRight from "./components/RtCateRight.vue";
  export default {
    name: 'RtIndex',
    data() {
      return {
        leftItems: data.leftItems,
        rightItems: data.rightItems,
        curItems: [],
        searchkey:""
      }
    },
    components: {
      RtSearch,
      RtCateLeft,
      RtCateRight
    },
    methods: {
      onInputSearch(key){
          this.curItems = this.rightItems.filter
          (item => item.name.includes(key))
      },
      onChange(idx) {
        this.curItems = [];
        if (idx) {
          this.curItems = this.rightItems.filter
          (item => item.cid == idx);
        } else {
          this.curItems = this.rightItems;
        }
      }
    },
    mounted() {
      this.curItems = this.rightItems;
    }
  }
  </script>
  <style scoped>
  .cate {
    display: flex;
    justify-content: space-between;
  }
  .cate-left {
    width: 120px;
  }
  .cate-right {
```

```
    width: 100 % ;
  }
</style>
```

在上述代码的加粗部分中,先导入、声明并使用 rt-cate-right 组件,再将右侧列表数据的变量 curItems,通过 items 属性传入该组件中,从而形成数据的绑定关系。当查询类别名称或单击左侧列表导航条时,由于改变了变量 curItems 中保存的数据,因此,rt-cate-right 中显示的数据也将会同步更新。

小结

本章介绍商品分类页功能开发的过程,先从查询分类名称讲起,介绍它的实现过程;再阐述分类时左侧导航条实现的方法,包括组件的功能和调用过程;最后介绍分类右侧列表页调用的组件和实现的过程。

第《16》章

商城动态页开发

视频讲解

本章学习目标

- 理解和掌握路由传参的方法和使用过程。
- 掌握 pinia 中定义状态变量和方法的过程。
- 掌握在组件中使用 pinia 定义的变量和方法。

16.1 动态列表页功能

商城动态也是商城开发中的一项重要功能,动态内容可以是商品信息,也可以是促销文章,通常以列表的形式展示,单击列表中标题后查看详情。

16.1.1 页面效果

商城动态是一个独立的功能模块,动态内容以图文并茂的列表形式进行展示,展示内容包括标题、缩略图简介和时间,最终实现的页面效果如图 16-1 所示。

图 16-1 动态列表页效果

16.1.2　列表数据源

动态列表的展示数据,源于 shop.js 文件中的 news 属性值,它的内容如下。

```
news: [{
     id: 1,
     title: "构建模板内容",
     desc: "构建模板的内容是使用模板功能的前提,一般通过下列几种方式来实现。直接在
页面中添加元素和 Angular 指令,实现应用需求。",
     src: swipe0,
     date: "2023 - 01 - 02",
     detail: '<p><span style = "margin - left: 30px">从开始的概述中我们知道,Angular 是
基于 HTML 基础进行扩展的开发工具,其扩展的目的就是希望能通过 HTML 标签构建动态的 Web 应
用。要实现这样的目的,需要在 Angular 内部利用了两项技术点,一个是数据的双向绑定,另一个是
依赖注入</span>。<br/><span style = "margin - left: 30px">下面我们来简单介绍这两个新概
念。</span><br><img style = "width:100 % ;margin:10px 0" src = "http://rttop.cn/shop/
images/icon.jpg" alt = "" /><span style = "margin - left: 30px">在 Angular 中,数据绑定可以通
过{<!-- -->{}}双花括号的方式向页面的 DOM 元素中插入数据,也可以通过添加元素属性的方式
绑定 Angular 的内部指令,实现对元素的数据绑定,这两种形式的数据绑定都是双向同步的,即只要
一端发生了变化,绑定的另一端会自动进行同步。</span><br><span style = "margin - left:
30px">依赖注入是 Angular 中一个特有的代码编写方式,其核心思想是在编写代码时,只需要关注
为实现页面功能要调用的对象是什么,而不必了解它需依赖于什么,像逻辑类中的 $ scope 对象就
是通过依赖注入的方式进行使用的。</span><br><span style = "margin - left: 30px">这两项技
术点,我们将在后续的章节中进行详细介绍,在此只作概念了解即可。</span><br><span style =
"margin - left: 30px">在 Angular 框架中,通过双向绑定和依赖注入这两个功能,极大减少了用户
的代码开发量,只需要像声明一个 HTML 元素一样,就可以轻松构建一个复杂的 Web 端应用,而这种
方式构建的应用的全部代码都由客户端的 JavaScript 代码完成。因此,Angular 框架也是有效解决
端(客户端)对端(服务端)应用的方案之一。</span></p>'
     }, {
     id: 2,
     title: "使用指令复制元素",
     desc: "在构建模板内容的过程中,有时需要反复将不同的数据加载到一个元素中,例如,
通过元素绑定一个数组的各成员。",
     src: swipe1,
     date: "2023 - 02 - 06"
     }, {
     id: 3,
     title: "添加元素样式",
     desc: "直接绑定值为 CSS 类别名称的 $ scope 对象属性这种方式的操作非常简单,先在控
制器中添加一个值为 CSS 类别名称的属性。",
     src: swipe2,
     date: "2023 - 03 - 08"
     }, {
     id: 4,
     title: "控制元素的隐藏与显示状态",
     desc: "可以通过"ng - show""ng - hide"和"ng - switch"指令来控制元素隐藏与显示的状
态,前两个指令直接控制元素的显示和隐藏状态。",
     src: swipe3,
     date: "2023 - 05 - 02"
     }]
```

需要说明的是,数组 news 中的对象属性 src,用于显示列表中的缩略图片,detail 属性
则用于显示动态列表中某项数据的详细内容,因为该数据是由后台文本编辑器创建,因此,
它的内容中包含各种 HTML 5 元素和布局的样式。

16.1.3　列表制作

在 src\components 目录下新建一个名为 news 的文件夹,该文件夹中保存所有与商城动态有关的组件,它的目录结构如图 16-2 所示。

在图 16-2 的目录结构下,RtList 是商城动态的列表组件,在组件中获取列表数据,并通过遍历的方式展示在 Grid 组件中,它实现的代码如代码清单 16-1 所示。

图 16-2　商城动态文件夹下的目录结构

代码清单 16-1　RtList. vue 代码

```vue
<template>
    <van-nav-bar title="动态" />
    <van-grid :column-num="1" class="news-grid"
        :center="false">
        <van-grid-item v-for="item, key in news"
            @click="onNavTo(item.id)" :key="key"
            class="news-item">
            <h3>{{ item.title }}</h3>
            <van-image :src="item.src" />
            <p>{{ item.desc }}</p>
            <div class="date">发布日期: {{ item.date }}</div>
        </van-grid-item>
    </van-grid>
</template>
<script>
import data from "@/data/shop"
export default {
    data() {
        return {
            news: data.news
        }
    },
    methods: {
        onNavTo(id) {
            this.$router.push({
                path: '/disp',
                query: { id: id }
            })
        }
    }
}
</script>
<style scoped>
.news-grid {
    margin-bottom: 50px;
}

.news-item h3 {
    font-size: 16px;
    padding-bottom: 5px;
    margin: -8px 0 5px 0;
}
```

```
.news – item p {
    font – size: 12px;
    color: #696969;
    margin: 5px 0;
    line – height: 18px;
}

.news – item .date {
    font – size: 13px;
    color: #696969;
    margin – top: 5px;
}
</style>
```

在上述代码中,通过 van-grid 展示列表,column-num 属性设置列表只显示一列,再遍历 van-grid-item 组件,绑定各行中显示的数据,当单击某一行时,触发绑定的 click 事件函数 onNavTo,在该函数中,获取并携带传入的动态 id 值,跳转到动态详细页中。

16.2 列表详情页功能

在动态列表页中,当用户单击某项列表时,便携带该项列表的 id,跳转至列表详情页,在列表详情页中,获取传入的 id,并根据该 id,获取对应的详情页数据,再将该数据通过绑定组件的形式,显示到页面模板中。

16.2.1 页面效果

单击第一项列表内容后,进入列表详情页,实现的页面效果如图 16-3 所示。

图 16-3　列表详情的页面效果

16.2.2　组件代码

在图 16-2 的目录结构下，由名为 RtDisplay 的组件，实现通过传入的 id 值，获取对应的内容，并显示在页面中的功能，它实现的代码如代码清单 16-2 所示。

代码清单 16-2　RtDisplay.vue 代码

```
<template>
    <van-nav-bar title="新闻详细" left-text="返回"
        left-arrow @click-left="onClickLeft" />
    <div class="disp" v-html="curNews[0].detail"></div>
    <rt-action :id="id" />
</template>
<script>
import data from "@/data/shop"
import RtAction from './components/RtAction.vue';
export default {
    data() {
        return {
            id:this.$route.query.id,
            curNews: data.news.filter(
            item => item.id == this.$route.query.id)
        }
    },
    components: {
        RtAction
    },
    methods: {
        onClickLeft() {
            history.back();
        }
    }
}
</script>
<style scoped>
.disp {
    padding: 10px 15px;
    line-height: 23px;
    margin-bottom: 75px;
}
</style>
```

在上述代码中，先获取通过路由传入的 id，并根据该 id 获取对应的数据记录，并将记录保存在变量 curNews 中，再将变量 curNews 中的 detail 属性值绑定元素，从而实现对应 id 详情的显示效果。

需要说明的是，在绑定并显示含有 HTML 5 元素内容的数据时，需要使用 v-html 指令的格式，因为这种格式绑定的内容，支持 HTML 格式解析后再输出。

16.3　点赞与收藏功能

在列表详情页的底部添加了两个按钮,一个用于点赞,另一个用于收藏。两个按钮单击后的数据和状态变化,全部由 pinia 保存。

16.3.1　页面效果

当单击详情页底部的"点赞"按钮时,将会增加一次点赞的总数量,并改变点赞的图标样式;单击"收藏"按钮时,将会改变"收藏"按钮的图标,并将"收藏"文字修改为"已收藏"字样。实现的页面效果如图 16-4 所示。

图 16-4　按钮操作前后对比效果

16.3.2　组件代码

在图 16-2 的目录结构下,由名为 RtAction 的组件实现详细页底部点赞和收藏的功能,它实现的代码如代码清单 16-3 所示。

代码清单 16-3　RtAction. vue 代码

```
< template >
    < div class = "action">
        < van - button @click = "add_like_act(id)"
            :icon = "retNewsLikes. length > 0 ?
            'good - job' : 'good - job - o'" plain round
            size = "small" hairline type = "primary">
            {{ retNewsLikes. length }}
        </van - button >
        < van - button @click = "add_collect_act({ 'id': id,
            'type': 2 })" :icon = "retBlnCollected ?
            'like' : 'like - o'" plain round
            size = "small" hairline type = "primary">
            {{ retBlnCollected ? '已收藏' : '收藏' }}
        </van - button >
    </ div >
</template >
< script >
import { mapState, mapActions } from 'pinia'
import { shopStore } from "@/store/shopStore"
export default {
    props: ["id"],
    methods: {
```

```
    ...mapActions(shopStore, ["add_collect_act",
    "add_like_act"])
  },
  computed: {
    ...mapState(shopStore, ["collects", "likes"]),
    retBlnCollected() {
      return this.collects.filter(item =>
      item.id == this.id && item.type == 2).length
      > 0 ? true : false;
    },
    retNewsLikes() {
      return this.likes.filter(item => item == this.id);
    }
  }
}
</script>
<style scoped>
.action {
  padding: 15px 0;
  display: flex;
  justify-content: space-around;
  position: fixed;
  width: 100%;
  left: 0;
  bottom: 0;
  background-color: #fff;
}
.van-button {
  width: 90px;
}
</style>
```

在上述代码中,当单击"点赞"按钮时,触发 pinia 中定义的 add_like_act 方法,在该方法中,将会向数据集合中增加一条对应 id 的记录,同时,再通过 retNewsLikes 函数检测该条记录是否增加成功,如果成功,则改变按钮的 icon 图标。

当单击"收藏"按钮时,触发 pinia 中定义的 add_collect_act 方法,它的功能逻辑与单击"点赞"按钮基本相似,仅仅是执行了不同的方法,这两个方法都是在 pinia 中定义的,它们实现的完整代码,将在 16.3.3 节中进行介绍。

16.3.3 全局状态与方法

为了全局性管理组件的状态和数据,本项目中安装了 pinia 工具。安装成功后,在 src 目录下创建了一个名称为 store 的子文件夹,并在该文件夹下添加一个 index.js 的文件,用于实例化 pinia 对象,并缓存定义的状态变量,它实现的代码如代码清单 16-4 所示。

代码清单 16-4 index.js 代码

```
import { createPinia } from "pinia";
import piniaPluginPersist from 'pinia-plugin-persist';
const pinia = createPinia();
```

```
pinia.use(piniaPluginPersist);
export default pinia;
```

添加 index.js 文件后,还必须将它挂载到 Vue 实例中,才能被项目中的各个组件使用,即在 main.js 文件中,加入如代码清单 16-5 中加粗部分所示代码。

代码清单 16-5　main.js 代码

```
import { createApp } from 'vue'
import App from './App.vue'
import Vant from 'vant';
import router from './router/index'
import pinia from "./store/index";
import 'vant/lib/index.css';

let app = createApp(App);
app.use(Vant);
app.use(router);
app.use(pinia);
app.mount('#app')
```

完成 pinia 实例对象挂载后,就可以使用 pinia 工具构建项目的全局状态和方法,在本项目的 src\store 目录下,创建一个名为 shopStore 的 js 文件,用于管理本项目的全部状态和定义状态管理的方法,其中,用于点赞和收藏功能的状态和方法如下。

```
import { defineStore } from "pinia";
export const shopStore = defineStore("shop_id", {
    state: () => {
        return {
            collects: [],
            likes: []
        }
    },
    actions: {
        add_collect_act(data) {
            let collect = this.collects.filter
                            (item => item == data);
            if (collect.length == 0) {
                this.collects.push(data);
            }
        },
        add_like_act(data) {
            let like = this.likes.filter(item => item == data);
            if (like.length == 0) {
                this.likes.push(data);
            }
        },
        //省略其他方法
    persist: {
        enabled: true,
        strategies: [
```

```
                {
                        storage: localStorage,
                        paths: ['collects', 'likes']
                }
        ]
    }
})
```

在上述代码的加粗部分中,先在 state 函数中,返回两个全局的状态数组变量,一个名为 collects,另一个名为 likes,前者用于保存收藏记录,后者用于保存点赞记录。为了能操作这两个变量,在 actions 对象中定义了两个对应的方法。

add_collect_act 方法用于增加收藏记录,add_like_act 方法用于增加点赞记录。在这两个方法中,为了避免增加相同的记录,都会先判断是否有相同的记录,如果没有,才进行数据的添加,否则不添加新记录,详细代码如上述加粗部分代码所示。

最后,在 persist 对象中,通过 strategies 数组配置需要缓存的状态变量,其中,数组对象中的 storage 属性说明缓存对象的类型,paths 属性又是一个数组,数组的元素就是需要缓存的状态变量名称,如果某个变量名称不在该数组中,则该状态变量不会被缓存。

小结

本章先从商城动态列表页讲起,介绍 Grid 组件的使用方法,并阐述如何携带参数跳转的过程;然后介绍列表详情页实现的方法,并介绍获取传入的参数并查询对应数据的过程;最后完整地介绍调用 pinia 中定义的方法实现点赞和收藏的功能。

第⟨17⟩章

视频讲解

商品详细页开发

本章学习目标

- 理解和掌握 van-action-sheet 的使用方法。
- 掌握 van-action-sheet 和 van-tabs 的运用方法。
- 理解和掌握在组件中使用 pinia 定义的变量和方法。

17.1 大图滚动功能

大图滚动展示是商品详细页中的常见功能,通过多张图片的滚动展示,不仅节省图片显示的空间,还可以吸引用户的注意力,提高用户的浏览体验和关注度。

17.1.1 页面效果

大图滚动以滚动形式播放多张设定的图片,单击图片后,可以跳转到指定的目标页中,最终实现的页面效果如图 17-1 所示。

图 17-1 详细页中大图滚动显示效果

17.1.2 图片数据源

商品详细页中的大图滚动数据,源于 prods 数组中每个产品对象的 swiper 属性,它的内容如下列代码中的加粗部分所示。

```
prods:[
    {
        id: 1001,
```

```
              title: "X18 青春版",
              price: "1100.00",
              desc: '潮流镜面渐变色',
              bright: "花呗免息,0 首付 0 利率轻松购机",
              src: p01,
              imgs:[pimg1, pimg2, pimg3, pimg4, pimg5],
              detail:'<h3>包装清单</h3><span>标配</span><p>X18 青春版 A * 1</p><p>
取卡针 * 1</p><p>XE680 线控耳机 * 1</p><p>闪充充电头 * 1</p><p>USB 数据线</p><p>
透明后盖保护壳 * 1</p><p>快速入门指南 * 1</p><p>重要信息和保修卡</p><h3>其他参数
</h3><div><p>CPU</p><p>高通骁龙八核 MSM8976SG(MSM8976pro</p></div>',
              swiper: [
                  { src: pswipe1, url: "http://www.baidu.com" },
                  { src: pswipe2, url: "http://www.baidu.com" },
                  { src: pswipe3, url: "http://www.baidu.com" }
              ]
          },
          {
              id: 1002,
              title: "X20Plus 全面屏",
              price: "1500.00",
              desc: 'X20A 18:9 高清全面屏',
              bright: "感恩促销直降 200,到手价 2598",
              src: p02,
              imgs:[pimg6, pimg7],
              detail:'<h3>包装清单</h3><span>标配</span><p>X9s Plus A * 1</p><p>取卡
针 * 1</p><p>XE680 线控耳机 * 1</p><p>闪充充电头 * 1</p><p>USB 数据线</p><p>透
明后盖保护壳 * 1</p><p>快速入门指南 * 1</p><p>重要信息和保修卡</p><h3>其他参数
</h3><div><p>CPU</p><p>高通骁龙八核 MSM8976SG(MSM8976pro</p></div>',
              swiper: [
                  { src: pswipe4, url: "http://www.baidu.com" },
                  { src: pswipe5, url: "http://www.baidu.com" },
                  { src: pswipe6, url: "http://www.baidu.com" }
              ]
          }]
```

在上述代码中,加粗部分的 swiper 属性值是一个数组,数组中每个对象代表一幅滚动展示的图片,对象的 src 属性表示图片来源,url 属性表示单击图片后跳转的地址。

17.1.3　组件代码

在 src\components 目录下,新建一个名称为 product 的文件夹,该文件夹中保存所有与产品详细页有关的组件,它的目录结构如图 17-2 所示。

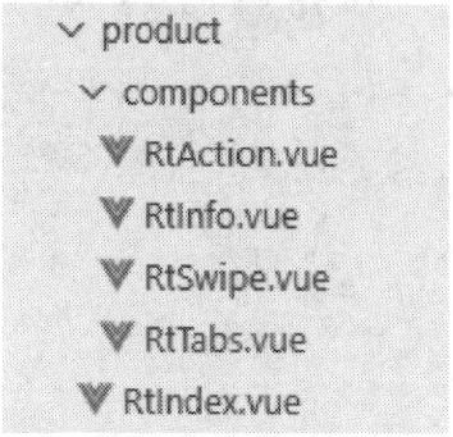

在图 17-2 所示的目录结构下,RtSwipe 是商品大图滚动组件。在组件中,获取滚动图片数据,并通过遍历的方式展示在 van-swipe 中。它实现的代码如代码清单 17-1 所示。

代码清单 17-1　RtSwipe. vue 代码

```
<template>
    <van-swipe class = "rt-swipe" :autoplay = "3000"
        indicator-color = "white">
        <van-swipe-item v-for = "item, key in swiper"
```

图 17-2　产品详细文件夹
下的目录结构

```
                :key = "key">
                <a :href = "item.url">
                    <van - image fit = "fill" :src = "item.src" />
                </a>
            </van - swipe - item>
        </van - swipe>
</template>
<script>
import data from "@/data/shop"
import { getProdById } from "@/utils/prod";
export default {
    props: ["id"],
    data() {
        return {
            swiper: getProdById(data.prods, this.id).swiper
        }
    }
}
</script>
<style scoped>
.rt - swipe {
    height: 230px;
    margin - top: - 5px;
}

.rt - swipe .van - swipe - item {
    color: #fff;
    font - size: 20px;
    text - align: center;
}
</style>
```

在上述代码中,RtSwipe 作为子组件,将接收调用它的父组件通过属性名为 id 传入的商品 id 值,并将该值作为参数,调用全局性的函数 getProdById,获取到对应商品的详细数据,最后在详细数据对象中,获取到商品大图滚动 swipe 属性值。

全局性的函数 getProdById 在多个组件中使用,它的功能是:通过给定的数据源和 id,返回对应 id 的产品详细数据、添加全局性函数的过程如下:首先,在 src 文件夹下添加一个名为 utils 的文件夹;然后在该文件夹下,添加一个名为 prod 的 js 文件;最后,在该文件中加入如代码清单 17-2 所示代码。

代码清单 17-2　prod.js 代码

```
export function getProdById(data, id) {
    return data.find(item => item.id == id)
}
```

17.2　弹框说明功能

在商品详细页中,当显示一些促销信息或购买规则时,为了不让用户离开或跳转到其他页面中查看,通常以底部弹框的形式进行展现,单击任意空白处后,隐藏弹框。

17.2.1　页面效果

在商品详细页中，当单击带箭头的"支持花呗分期"字样时，将会以底部弹框的形式说明分期的规则和内容，实现的页面效果如图 17-3 所示。

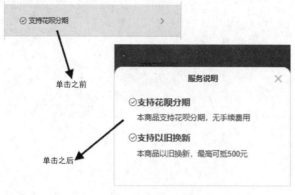

图 17-3　弹框说明的页面效果

17.2.2　组件代码

在图 17-2 所示的目录结构下，由名为 RtInfo 的组件实现弹框说明的功能，它实现的代码如代码清单 17-3 所示。

代码清单 17-3　RtInfo.vue 代码

```
<template>
    <div class = "p-info">
        <h3>{{ info.title }}</h3>
        <p class = "p-title">
            <van-tag plain type = "danger">
            {{ info.bright }}
            </van-tag>
            {{ info.desc }}</p>
        <p class = "p-price">¥{{ info.price }}</p>
    </div>
    <div class = "p-tip">
        <van-cell icon = "passed" is-link
        title = "支持花呗分期" @click = "show = true" />
        <van-action-sheet v-model:show = "show"
            title = "服务说明">
            <div class = "p-content">
                <h3><van-icon name = "passed" />支持花呗分期</h3>
                <p>本商品支持花呗分期,无手续费用</p>
                <h3><van-icon name = "passed" />支持以旧换新</h3>
                <p>本商品以旧换新,最高可抵 500 元</p>
            </div>
        </van-action-sheet>
    </div>
</template>
<script>
```

```
import data from "@/data/shop"
import { getProdById } from "@/utils/prod";
export default {
    props: ["id"],
    data() {
        return {
            info: getProdById(data.prods, this.id),
            show: false
        }
    }
}
</script>
< style scoped >
.p - info,
.p - tip {
    padding: 10px 15px;
    color: #515151;
    border - bottom: solid 1px #cccc;
}

.van - cell,
.p - tip {
    background - color: #eee;
}

.p - info .p - title {
    margin: 5px 0;
    font - size: 15px;
    line - height: 25px;
}

.p - info .p - price {
    font - size: 26px;
    color: red;
    margin - left: - 6px;
}

.p - content {
    color: #515151;
    padding: 10px 30px;
    line - height: 32px;
    margin - bottom: 30px;
}

.p - content p {
    margin - left: 18px;
    margin - bottom: 10px;
}
</style>
```

在上述代码中,先将传入的 id 作为参数,调用函数 getProdById 获取对应产品的详细信息,并通过双向数据绑定的形式,展示在模板中。

另外,弹框由 van-action-sheet 实现,该组件的显示与隐藏由 v-model:show 属性值来控制。初始时,该值为 false,表示隐藏;当单击带箭头的"支持花呗分期"字样时,该属性值为 true,则将会以弹框的形式,从底部升起显示。

17.3　信息切换功能

在商品详细页中,信息切换功能可以通过组件主动或被动地切换同一区域中的不同内容,使用户可以在固定的空间里以交替的方式切换显示内容,让用户在少量且同样重要的视图之间进行自由切换查看。

17.3.1　页面效果

在商品详细页中,为了使用户能查看到更多的商品信息,采用切换显示的方式,显示商品的图文详情和参数信息,实现的页面效果如图 17-4 所示。

图 17-4　切换显示不同选项的对比效果

17.3.2　组件代码

在图 17-2 所示的目录结构下,由名为 RtTabs 的组件实现信息切换显示的功能,它实现的代码如代码清单 17-4 所示。

代码清单 17-4　RtTabs 代码

```
< template >
    < van − tabs v − model:active = "active">
       < van − tab title = "图文详情">
          < div class = "item" v − for = "item, key in imgs"
             :key = "key">
             < van − image fit = "fill" :src = "item" />
          </div>
       </van − tab >
       < van − tab title = "参数">
          < div class = "detail" v − html = "detail"></div>
```

```
            </van - tab >
        </van - tabs >
    </template >
    < script >
    import data from "@/data/shop"
    import { getProdById } from "@/utils/prod";
    export default {
        props: ["id"],
        data() {
            return {
                active: 0,
                imgs: getProdById(data.prods, this.id).imgs,
                detail: getProdById(data.prods, this.id).detail
            }
        }
    }
    </script >
    < style >
    .detail {
        padding: 15px 20px;
        color: #515151;
        margin - bottom: 50px;
    }

    .detail h3 {
        padding: 10px 0;
        border - bottom: solid 1px #ccc;
        margin - bottom: 10px;
    }
    </style >
```

在上述代码中,切换显示的功能由 van-tabs 实现,v-model:active 属性值为当前处于激活的选项卡索引号,默认情况下显示第一个选项卡,各个选项卡由 van-tab 来完成,title 属性为选项卡的标题名称。

在上述代码中先将传入的 id 作为参数,调用 getProdById 函数,获取到对应商品的详细信息,它是一个对象,其中,对象中的 imgs 属性用于显示"图文详情"选项卡中的数据,而 detail 属性则用于显示"参数"选项卡中的数据。

17.4 加入购物车功能

在商品详细页中还有一个非常重要的功能,就是将该商品加入购物车中。加入购物车有两种方式,一种是"加入购物车",这种方式先将商品放入购物车,并自动添加商品的数量,但仍然停留在商品详细页;另外一种是"立即购买",这种方式表示不仅要将商品放入购物车中,还要跳转到购物车页面中。

在商品详细页中,除了加入购物车的功能之外,还可以收藏该商品,收藏之前,先判断是否已经收藏过,如果已收藏,则显示"已收藏"字样,并且不能再次收藏。

17.4.1　页面效果

在商品详细页中，为了能实现收藏、加入购物车的功能，通常在页面底部添加一个动作栏组件，实现的页面效果如图 17-5 所示。

图 17-5　底部动作栏不同状态的对比效果

17.4.2　组件代码

在图 17-2 所示的目录结构下，由名为 RtAction 的组件实现底部动作栏操作的功能，它实现的代码如代码清单 17-5 所示。

代码清单 17-5　RtAction 代码

```
<template>
    <van-action-bar>
        <van-action-bar-icon color="blue"
            @click="add_collect_act({ 'id': id, 'type': 1 })"
            :icon="retBlnCollected ? 'like' : 'like-o'"
            :text="retBlnCollected ? '已收藏' : '收藏'" />
        <van-action-bar-icon icon="cart-o" text="购物车"
            :badge="carts.length" @click="enter" />
        <van-action-bar-button type="warning" text="加入购物车"
            @click="addCarts" />
        <van-action-bar-button type="danger" text="立即购买"
            @click="goAddCarts"/>
    </van-action-bar>
</template>
<script>
import { mapState, mapActions } from 'pinia'
import { shopStore } from "@/store/shopStore"
import data from "@/data/shop"
import { getProdById } from "@/utils/prod";
export default {
    props: ["id"],
    methods: {
        ...mapActions(shopStore, ["add_collect_act",
        "add_carts_act"]),
        enter() {
            this.$router.push('/cart')
        },
        addCarts() {
            let prod = getProdById(data.prods, this.id);
            let _prod = {
                id: prod.id,
                title: prod.title,
```

```
                    num: 1,
                    price: prod.price,
                    img:prod.swiper[0].src
                }
                this.add_carts_act(_prod);
            },
            goAddCarts(){
                this.addCarts();
                this.enter();
            }
        },
    },
    computed: {
        ...mapState(shopStore, ["collects", "carts"]),
        retBlnCollected() {
            return this.collects.filter(item => item.id
            == this.id && item.type == 1).length > 0 ?
            true : false;
        }
    }
}
</script>
<style scoped></style>
```

在上述代码中,使用 van-action-bar 实现底部动作栏的展示。在该组件中,通过 van-action-bar-icon 显示动作栏中的图标,van-action-bar-button 显示动作栏中的按钮。当单击最左侧的"收藏"图标时,将触发绑定的 click 事件函数 add_collect_act,该函数将产品数据添加到收藏列表中,同时调用 retBlnCollected 方法,检测是否收藏成功,如果收藏成功,则改变收藏图标的 icon 值和显示的 text 内容。

当单击左侧第二个"购物车"图标时,将触发绑定的 click 事件函数 enter,在该函数中,通过路由方式直接跳转到购物车页面中。此外,在 van-action-bar-icon 中的 badge 属性值表示图标右上角徽标的内容,它的值是 carts.length,即购物车的总数量。

当单击左侧第三个"加入购物车"按钮时,将触发绑定的 click 事件函数 addCarts,在该函数中,先通过传入的 id 值获取产品的详细信息,再构建购物车列表中所需对象的内容,最后将该对象添加到购物车列表中。

当单击"立即购买"按钮时,将触发绑定的 click 事件函数 goAddCarts,由于该按钮的功能是先将产品加入购物车,再进入购物车页面,因此,在函数 goAddCarts 中,先调用 addCarts 函数,将产品加入购物车,再执行 enter 函数,进入购物车页面。

当单击"收藏"按钮时,触发 pinia 中定义的方法 add_collect_act,单击"加入购物车"按钮时,触发 pinia 中定义的方法 add_carts_act,这两个方法都是在 pinia 中定义的,它们实现的完整代码,将在 17.4.3 节中进行介绍。

17.4.3 全局状态与方法

在本项目的 src\store 目录下,创建一个名为 shopStore 的 js 文件,用于管理项目的全部状态和定义状态管理的方法。其中,用于加入购物车的状态和方法如以下代码所示。

```
import { defineStore } from "pinia";
export const shopStore = defineStore("shop_id", {
    state: () => {
        return {
            carts: []
        }
    },
    actions: {
        add_carts_act(data) {
            let cart = this.carts.filter
                    (item => item.id == data.id);
            if (cart.length > 0) {
                cart[0].num++;
            } else {
                this.carts.push(data);
            }
        },
        // 省略其他方法
    persist: {
        enabled: true,
        strategies: [
            {
                storage: localStorage,
                paths: ['carts']
            }
        ]
    }
})
```

在上述代码的加粗部分,先在 state 函数中,返回一个名为 carts 的全局状态数组变量,用于保存用户购物车的记录。然后在 actions 对象中,定义了一个名为 add_carts_act 的方法,用于增加用户购物车的记录,在增加时,先判断商品的 id 是否重复,如果重复,便是同一个商品,则增加这个商品的购买数量,否则直接增加该商品信息。最后,在 persist 对象的 strategies 数组对象 paths 中,增加 carts 数组变量,则用户的购物车数据将会通过 localStorage 对象缓存在本地浏览器中。此外,收藏夹的全局变量和自定的方法,已在 16.3.3 节中做过详细介绍,在此不再赘述。

17.4.4 组件调用

产品详细的全部子组件都被 product 文件夹中的 RtIndex 组件调用,由该组件完成各类子组件的调用和传参,它的完整代码如代码清单 17-6 所示。

代码清单 17-6 RtIndex.vue 代码

```
<template>
    <van-nav-bar title="产品详细" left-text="返回"
    left-arrow @click-left="onClickLeft" />
    <rt-swipe :id="id"/>
    <rt-info :id="id"/>
    <rt-tabs :id="id"/>
```

```
        < rt - action :id = "id"/>
    </template >
    < script >
    import RtSwipe from './components/RtSwipe.vue';
    import RtInfo from './components/RtInfo.vue';
    import RtTabs from './components/RtTabs.vue';
    import RtAction from './components/RtAction.vue';
    export default {
        data() {
            return {
                id: parseInt(this. $ route. query. id),
            }
        },
        components: {
            RtSwipe,
            RtInfo,
            RtTabs,
            RtAction
        },
        methods: {
            onClickLeft() {
                history. back();
            }
        },
    }
    </script >
    < style scoped ></style >
```

在上述代码中，通过 import 方法导入各类子组件，并在 components 对象中进行声明，便可以在组件模板中直接使用，由于全部的子组件都需要传入 id 属性值，因此，在 data 函数中返回一个名为 id 的属性，它的值是路由对象传入的查询字符串中的 id 值。最后，将获取到的 id 值分别作为子组件的属性值传入各个组件中。

小结

本章从商品详细页的大图滚动功能讲起，介绍 van-swipe 的基本用法；然后，结合弹框和切换实现的过程，阐述 van-action-sheet 和 van-tabs 的使用过程；最后，针对购物车的功能，介绍 van-action-bar 的功能和使用方法。

第 18 章

购物车开发

视频讲解

本章学习目标

- 理解和掌握父子组件间相互传参的方法。
- 掌握 showConfirmDialog 组件的使用方法。
- 理解并掌握 van-submit-bar 的使用过程。

18.1 购物车列表页功能

购物车是商城的核心功能,通常以一个单独的功能模块进行开发,当用户在商品详细页或其他页面单击购物车链接或图标后,便跳转到购物车列表页中。如果重复添加某件商品到购物车中,那么该商品仍然只有一条记录,但数量累加 1。

18.1.1 页面效果

多件商品添加至购物车后,当打开购物车页面时,商品将以列表的形式展示,最终实现的页面效果如图 18-1 所示。

图 18-1 购物车列表页显示效果

18.1.2　组件代码

在 src\components 目录下,新建一个名为 cart 的文件夹,该文件夹保存所有与商品购物车相关的组件,它的目录结构如图 18-2 所示。

在图 18-2 所示的目录结构下,RtItem 是购物车列表中的商品组件,在组件中,根据父组件传入的商品对象,并显示在列表中,它实现的代码如代码清单 18-1 所示。

图 18-2　购物车文件夹下的目录结构

代码清单 18-1　RtItem.vue 代码

```
<template>
    <div class = "item">
        <van-checkbox :name = "item.id"></van-checkbox>
        <van-image width = "100" height = "100" :src = "item.img" />
        <div class = "info">
            <div class = "title">
                <h3>{{item.title}}</h3>
                <p class = "price">{{item.price}}</p>
                <p class = "btns">
                    <van-button icon = "minus" size = "mini"
                    @click = "editNum(item, 'reduce')" />
                    <span class = "num">{{ item.num }}</span>
                    <van-button icon = "plus" size = "mini"
                    @click = "editNum(item, 'add')" />
                </p>
            </div>
            <div class = "dele">
                <van-icon name = "delete-o" size = "23"
                @click = "deleCart(item.id)" />
            </div>
        </div>
    </div>
</template>
<script>
import { mapActions } from 'pinia'
import { shopStore } from "@/store/shopStore"
import { showConfirmDialog } from 'vant';
export default {
    props: ["item"],
    emits: ["sendUpdate"],
    methods: {
        ...mapActions(shopStore, ["edit_carts_num_act",
        "delete_carts_act"]),
        editNum(data, type) {
            this.edit_carts_num_act(data, type);
            //通知父级更新
            this.$emit("sendUpdate");
        },
        deleCart(id) {
            showConfirmDialog({
```

```
                    title: '标题',
                    message: '确定要删除选中的记录吗?',
            }).then(() => {
                    this.delete_carts_act(id);
                    //通知父级更新
                    this.$emit("sendUpdate");
            })
        }
    }
}
</script>
<style>
.item {
    padding: 15px 10px;
    border-bottom: solid 1px #ccc;
    display: flex;
    align-items: center;
}

.item .van-checkbox__icon {
    margin-right: 10px;
}

.info {
    display: flex;
    align-items: center;
    justify-content: space-between;
    width: 100%;
    line-height: 25px;
    color: #515151;
    margin-left: 5px;
}

.info .title h3 {
    font-size: 16px;
}

.info .title .price {
    font-size: 13px;
    color: red;
}

.info .title .btns {
    display: flex;
    align-items: center;
}

.info .title .btns .num {
    padding: 2px 12px;
    font-size: 12px;
}
</style>
```

在上述代码中,RtItem 作为子组件,将接收父组件通过属性名为 item 传入的商品信息,并将该信息通过数据绑定的方式显示在模板中。同时,为了在列表中可以勾选多个商品进行批量操作,模板中添加了 van-checkbox,并将 item 对象的 id 值作为该组件 name 属性的动态值,以确保选择某个商品时的唯一性。

18.1.3 组件调用

RtItem 组件是一个子类组件,它将会被 cart 文件夹中的 RtIndex 组件所调用,在调用过程中,向 RtItem 组件传入单个商品信息,它实现的代码如代码清单 18-2 所示。

代码清单 18-2 RtIndex. vue 代码

```
< template >
    < van - nav - bar title = "购物车" left - text = "返回" left - arrow
  @click - left = "onClickLeft" />
    < div class = "cart - list">
        < van - checkbox - group v - model = "checkedList"
        ref = "cartList" @change = "handleChecked">
            < rt - item :item = "cart" @sendUpdate = "onUpdate"
            v - for = "cart, key in carts" :key = "key">
            </rt - item >
        </van - checkbox - group >
    </div >
    < div class = "cart - noprod" v - show = "carts. length == 0">
        < div class = "noprod">
        < van - image :src = "noprod" width = "160" />
        < h3 >购物车是空的哦,快去购物吧</h3 >
        < router - link class = "noprod - go" :to = "{name:'home'}">
            逛一逛
        </router - link >
    </div >
    </div >
    < van - submit - bar v - show = "carts. length > 0"
     :disabled = "checkedList. length == 0"
     :price = "sumPrice * 100"
    button - text = "提交订单"
    @submit = "onSubmit">
        < van - checkbox v - model = "blnAllChecked"
            @change = "toggleAll">
            全选
        </van - checkbox >
    </van - submit - bar >
</template >
< script >
import { mapState, mapActions } from 'pinia'
import { shopStore } from "@/store/shopStore"
import RtItem from "./components/RtItem.vue"
import noprod from "@/assets/images/noprod.png";
export default {
    data() {
        return {
            blnAllChecked: false,
```

```
        noprod: noprod,
        defaultValue: [],
        checkedList: [],
        sumPrice: 0
    }
},
computed: {
    ...mapState(shopStore, ["carts","addressInfo"])
},
components: {
    RtItem
},
mounted() {
    this.countSumPrice();
},
methods: {
    ...mapActions(shopStore, ["upd_carts_checked_act",
    "count_sum_price_act"]),
    onClickLeft() {
        history.back();
    },
    onUpdate(){
        this.countSumPrice();
    },
    handleChecked() {
        this.blnAllChecked =
        this.checkedList.length == this.carts.length;
        this.countSumPrice();
    },
    blnCheckedById(id) {
        let _item = this.checkedList.find
                (item => item == id);
        return _item ? true : false;
    },
    countSumPrice() {
        let _sumPrice = 0;
        this.carts.forEach(item => {
            if (this.blnCheckedById(item.id)) {
                _sumPrice += item.num * item.price;
            }
        })
        this.sumPrice = _sumPrice;
    },
    onSubmit() {
        this.carts.forEach(item => {
            if (this.blnCheckedById(item.id)) {
                item.checked = true;
            }else{
                item.checked = false;
            }
        })
        if(this.addressInfo.length > 0){
            this.$router.push("/pay")
```

```
            }else{
                this. $ router. push("/addresslist?source = pay")
            }
        },
        toggleAll(blnAllChecked) {
            if (blnAllChecked) {
                this. checkedList = this. carts. map
                                (item = > item. id);
            } else {
                let checkedCount = this. checkedList. length;
                if (checkedCount === this. carts. length) {
                    this. checkedList = [];
                }
            }
            this. countSumPrice();
        }
    }
}
</script>
< style scoped >
.cart – noprod {
    display: flex;
    align – items: center;
    justify – content: center;
    height: 500px;
}
. noprod{
    text – align: center;
}
. noprod – go{
    background – color: red;
    color: #fff;
    padding: 10px 20px;
    margin – top: 20px;
    border – radius: 8px;
    display: inline – block;
}
</style>
```

在上述代码中,先获取全局状态变量 carts,并以遍历的形式调用 RtItem 子组件。在调用过程中,通过 item 属性传入商品对象信息,由于子组件中包含复选框组件 van-checkbox,因此必须把全部遍历的内容,包裹到 van-checkbox-group 中,以形成复选框组成的元素结构,便于后续的批量选择操作。

18.2 自动计算总价功能

在购物车列表页中,当选中某个商品或多个商品时,底部订单提交栏将会自动计算商品的总价格,提交订单按钮也同时变为可用,如果取消所有的选中项,那么底部订单提交栏将自动清空原数据,并还原到初始状态。

18.2.1 页面效果

在购物车列表页中，当选中某个或某些商品时，底部订单提交栏会自动显示所选商品的总价格，实现的页面效果如图 18-3 所示。

图 18-3 自动计算总数的页面效果

18.2.2 组件代码

RtIndex 组件用于实现自动计算总价功能，它的完整代码见代码清单 18-2，其中，用于实现自动计算总价功能的核心代码如下。

```
export default {
    data() {
        return {
            blnAllChecked: false,
            noprod: noprod,
            defaultValue: [],
            checkedList: [],
            sumPrice: 0
        }
    },
    mounted() {
        this.countSumPrice();
    },
    methods: {
        handleChecked() {
            this.blnAllChecked = this.checkedList.length ==
            this.carts.length;
            this.countSumPrice();
```

```
        },
        blnCheckedById(id) {
            let _item = this.checkedList.find
            (item => item == id);
            return _item ? true : false;
        },
        countSumPrice() {
            let _sumPrice = 0;
            this.carts.forEach(item => {
                if (this.blnCheckedById(item.id)) {
                    _sumPrice += item.num * item.price;
                }
            })
            this.sumPrice = _sumPrice;
        },
        toggleAll(blnAllChecked) {
            if (blnAllChecked) {
                this.checkedList = this.carts.map
                (item => item.id);
            } else {
                let checkedCount = this.checkedList.length;
                if (checkedCount === this.carts.length) {
                    this.checkedList = [];
                }
            }
            this.countSumPrice();
        }
    }
}
```

在上述代码中,当用户在购物车列表中单击复选框,选择某件商品时,将触发绑定的自定义函数 handleChecked,在该函数中,先检测用户是否选择了全部商品,如果选择了,则变量 blnAllChecked 的值为 true,同时,底部的"全选"复选框将会处于选中状态,否则,"全选"复选框将处于未选中状态。

接下来,再调用函数 countSumPrice,在该函数中,先清空保存总价格的变量_sumPrice,再遍历整个购物车 carts 数组。在遍历时,调用 blnCheckedById 函数检测某个商品的 id 是否在选中列表中,如果在选中列表中,则计算它的价格,并累计到总价格变量中。最后,将总价格变量_sumPrice 赋值给变量 sumPrice,用于页面元素的绑定显示。

最后,如果用户主动单击了"全选"复选框,将会触发绑定的函数 toggleAll,在该函数中,如果当前"全选"复选框的值为 true,表示处于全选状态,则选中列表为全部购物车中的商品 id。如果复选框的值为 false,表示处于未选中状态,则检测选中列表与购物车中的商品数量是否相同,如果相同,则属于全选后的取消全选操作,因此,将选中列表变量 checkedList 的值置为空数组。

18.3 增减购物车商品功能

在购物车列表中,为了方便用户操作购物车中的商品数量,通常会在数量显示的左右两边添加增加和减少按钮。当单击增加按钮时,将会在现有数量上加 1;当单击减少按钮时,将会在现有数量上减少1,无论增加或减少数量,总价格将会自动同步更新。

18.3.1 页面效果

在购物车列表页中,增加或减少某件商品数量后,实现的页面效果如图 18-4 所示。

图 18-4 增加或减少商品时的效果

18.3.2 组件代码

在 RtItem 组件中触发增加或减少商品的操作,它的完整代码见代码清单 18-1。其中,用于实现增加或减少商品功能的核心代码如下。

```
export default {
    emits: ["sendUpdate"],
    methods: {
        ...mapActions(shopStore, ["edit_carts_num_act"]),
        editNum(data, type) {
            this.edit_carts_num_act(data, type);
            //通知父级更新
            this.$emit("sendUpdate");
        }
    }
}
```

在上述代码中,当用户单击购物车中某件商品数量左侧的减少按钮时,将会调用函数 editNum,并向该函数传递该商品的信息和动作类型。在函数 editNum 中,将接收到的参数再传入全局方法 edit_carts_num_act,由该方法做实际的数据处理,并同步到购物车列表中对应的商品数量中。单击右侧的增加按钮时,也会执行同样的函数,只是在传参数时,第二个类型参数的值为"add"。

　　无论是操作了增加或减少数量的按钮,都会向父组件定义一个名称为"sendUpdate"的事件,父组件绑定该事件后,将会自动触发对应的事件函数。在父组件 RtIndex 中,触发 sendUpdate 事件的函数代码如下。

```
onUpdate(){
    this.countSumPrice();
}
```

　　上述代码是一个事件执行函数,表示如果执行了增加或减少商品数量的操作,父组件将会通过绑定的 sendUpdate 事件,执行 onUpdate 事件函数,在该事件函数中,将会再次计算所选中列表中的商品总价格。

18.3.3　全局状态与方法

　　打开本项目 src\store 目录下的 shopStore 文件,它用于管理本项目的全部状态和定义状态管理的方法,其中,用于增加或减少商品数量的状态和方法如下列代码所示。

```
import { defineStore } from "pinia";
export const shopStore = defineStore("shop_id", {
    state: () => {
        return {
            carts: []
        }
    },
    actions: {
        edit_carts_num_act(data, type) {
            let cart = this.carts.filter
            (item => item.id == data.id);
            if (type == 'add') {
                cart[0].num++;
            } else {
                if (cart[0].num > 1) {
                    cart[0].num--;
                }
            }
        },
        //省略其他方法
})
```

　　在上述代码中,先通过传入的商品信息获取到对应商品的数量值,再根据操作类型 type 的值,决定是增加数量还是减少数量。如果该值为"add",表示增加数量,即在原数量的基础上,再增加 1;反之,表示减少数量,减少数量之前,先判断该数量值是否大于 1,如果大于 1 时才减少,否则将会出现负数。

18.4 删除购物车商品功能

在购物车列表中,对一些过期或不想要的商品可以进行删除的操作。删除时,为了避免误操作,单击"删除"按钮时,需要进行二次确认,如果选择确认,才进行删除,否则不会删除。

18.4.1 页面效果

在购物车列表中,当单击某件商品最右侧的"删除"图标时,将会先弹出一个询问对话框,确定后再执行删除功能。实现的页面效果如图 18-5 所示。

图 18-5 删除前的询问和删除后的效果

18.4.2 组件代码

在 RtItem 组件中触发删除指定商品的操作,它的完整代码见代码清单 18-1。其中,用于实现删除指定商品功能的核心代码如下。

```
export default {
    emits: ["sendUpdate"],
    methods: {
        ...mapActions(shopStore, ["delete_carts_act"]),
        deleCart(id) {
            showConfirmDialog({
                title: '标题',
                message: '确定要删除选中的记录吗?',
            }).then(() => {
                this.delete_carts_act(id);
```

```
                    //通知父级更新
                    this.$emit("sendUpdate");
                })
            }
        }
    }
```

在上述代码中,当用户单击购物车列表中某个商品右侧的"删除"按钮图标时,触发绑定的事件函数 deleCart,同时,传入需要删除的商品 id。在 deleCart 函数中,先调用 Vant 框架中的 showConfirmDialog 方法,询问是否要真的删除,如果确定,则执行方法中的第一个回调函数,传入 id 执行全局的删除商品函数。

删除完成后,向父组件定义 sendUpdate 事件。父组件绑定该事件后,将同步更新删除某个商品信息后的总价格,由于该事件执行的函数,在 18.3.2 节中进行过详细的说明,在此不再赘述。

18.4.3　全局状态与方法

打开本项目 src\store 目录下的 shopStore 文件,其中,用于删除购物车列表中指定商品的状态和方法如下列代码所示。

```
import { defineStore } from "pinia";
export const shopStore = defineStore("shop_id", {
    state: () => {
        return {
            carts: []
        }
    },
    actions: {
        this.delete_carts_act(id) {
            let _index = this.carts.findIndex
            (item => item.id == id);
            this.carts.splice(_index,1);
        },
        //省略其他方法
})
```

在上述代码中,先通过待删商品 id 获取对应记录在购物车中的索引号,并保存在变量 _index 中,再调用购物车数组变量 carts 中的 splice 方法,删除指定索引号的记录。

小结

本章中的购物车模块是项目中非常重要的一部分,先从实现购物车的列表讲起,通过父子组件传参的方式,实现列表数据的展示和商品总价格的自动计算,然后再阐述列表中每个表项的功能,如增加或减少商品数量,删除某个商品实现的全过程。

第 ⟨19⟩ 章

个人中心页开发

本章学习目标

- 理解 van-address-list 的使用方法。
- 理解并掌握 van-address-edit 的使用方法。
- 理解并掌握全局状态和方法的使用过程。

19.1　我的订单功能

商城购物是用户的个人行为,必须登录后才能进行,登录后获取用户的唯一凭证数据,通常是登录返回的 token 值。通过该数据,进入用户的个人中心页,在个人中心页,可以查看自己的订单信息,包括全部订单、待付款、待收货和待评价状态的订单数据。

19.1.1　页面效果

在个人中心页,上部分展示个人信息和"我的订单"数据,不同状态的订单数据再分列展开,最终实现的页面效果如图 19-1 所示。

图 19-1　购物车列表页显示效果

当用户单击"全部订单"选项时,将以列表的形式显示所有的订单数据,最终实现的页面效果如图 19-2 所示。

如果用户在个人中心页单击"待付款""待收货""待评价"选项后,将会自动跳转到我的订单页对应的选项卡中。

图 19-2　查看全部订单选项的效果

19.1.2　组件代码

在 src\components 目录下新建一个名为 my 的文件夹,该文件夹中保存所有与个人中心相关的组件,它的目录结构如图 19-3 所示。

图 19-3　个人中心文件夹下的目录结构

在图 19-3 所示的目录结构下,RtInfo 是显示用户信息组件,用于展示用户资料; RtOrder 是显示我的订单组件。它们实现的代码分别如代码清单 19-1 和代码清单 19-2 所示。

代码清单 19-1　RtInfo.vue 代码

```
< template >
    < div class = "my - info">
```

```
            < img :src = "defheader">
            < span >{{ userInfo.name }}</span >
            < p >{{ userInfo.desc }}</p >
        </div >
    </template >
</script >
import defheader from "@/assets/images/my/default.jpg";
import { mapState } from 'pinia'
import { shopStore } from "@/store/shopStore"
export default {
    data() {
        return {
            defheader: defheader
        }
    },
    computed: {
        ...mapState(shopStore, ["userInfo"]),
    }
}
</script >
< style scoped >
.my - info {
    width: 100 % ;
    height: 187px;
    background: url("@/assets/images/my/bj.png") no - repeat;
    background - size: 100 % 100 % ;
    display: flex;
    justify - content: center;
    align - items: center;
    flex - direction: column;
}

.my - info img {
    width: 86px;
    height: 86px;
    border - radius: 50 % ;
    margin: 10px 0;
}

.my - info span {
    color: #ffffff;
    font - size: 15px;
}

.my - info p {
    font - size: 12px;
    color: #ffffff;
}</style >
```

在上述代码中，先获取用于保存用户信息的全局状态变量 useInfo，再将该变量的内容绑定模板中的元素，最终将用户数据信息显示在页面中。

代码清单 19-2 RtOrder.vue 代码

```
<template>
    <van-cell title="我的订单" />
    <van-grid>
        <van-grid-item
        v-for="item, key in orderInfo"
        :icon="item.icon"
        :text="item.text"
        :to="item.to"
        :key="key" />
    </van-grid>
</template>
<script>
export default {
    data() {
        return {
            orderInfo: [
                { text: "全部订单", icon:
                    "pending-payment",to:"/order/0" },
                { text: "待付款", icon:
                    "balance-o",to:"/order/1" },
                { text: "待收货", icon: "paid",to:"/order/2" },
                { text: "待评价", icon:
                    "flower-o",to:"/order/3" }
            ]
        }
    }
}
</script>
<style scoped></style>
```

在上述代码中,通过 van-grid 以表格的形式显示各种状态的订单选项。单击某个选项后,携带参数跳转到对应的目标组件中。

目标组件的功能是以列表的形式展示各种订单状态的数据,它的功能由 RtOrderList 组件完成,RtOrderList 组件的代码如代码清单 19-3 所示。

代码清单 19-3 RtOrderList.vue 代码

```
<template>
    <van-nav-bar title="我的订单" left-text="返回"
    left-arrow @click-left="onClickLeft" />
    <van-tabs v-model:active="active">
        <van-tab title="全部">
            <div class="i-item" v-for="item, key in orders"
                :key="key">
                <van-card v-for="item2, key in item.prods"
                    :key="key" :num="item2.num"
                    :price="item2.price" desc="描述信息"
                    :title="item2.title" :thumb="item2.img">
                    <template #footer>
                        <van-button size="small" type="danger"
```

```
                              @click = "delete_orders_act(item.id)">
                        取消订单
                              </van-button>
                        </template>
                    </van-card>
                    <div class = "i-tip">
                        共计: <span>{{ item.prods.length }}</span> 件
                        商品 总计:
                        <span>¥ {{ item.sumPrice }}</span>
                    </div>
                </div>
            </van-tab>
        <van-tab title = "待付款"></van-tab>
        <van-tab title = "待收货"></van-tab>
        <van-tab title = "待评价"></van-tab>
    </van-tabs>
</template>
<script>
import { mapActions, mapState } from 'pinia'
import { shopStore } from "@/store/shopStore"
import { useRouter } from "vue-router";
export default {
    data() {
        return {
            active: 0,
            router: useRouter(),
        }
    },
    computed: {
        ...mapState(shopStore, ["orders"]),
    },
    methods: {
        ...mapActions(shopStore, ["delete_orders_act"]),
        onClickLeft() {
            history.back();
        }
    },
    mounted() {
        //获取传入的参数
        this.active =
        parseInt(this.router.currentRoute.params.active);
    }
}
</script>
<style scoped>
.i-item {
    padding: 10px 15px;
    border-bottom: solid 1px #ccc;
    position: relative;
}

.i-tip {
    position: absolute;
```

```
        bottom: 20px;
        left: 30px;
        font-size: 15px;
    }
    .i-tip span{
        color:red;
    }
</style>
```

在上述代码中,先获取链接传入的 active 值,并赋值给组件的 active 变量,由该变量值控制标签页中哪一项处于被激活的状态。

在显示全部订单数据时,先获取保存全部订单数据的全局状态数组变量 orders,并遍历该变量。在遍历时,通过 van-card 显示多个商品的数据信息,包括单件商品的价格和数量,并统计订单中商品类别的总量;当单击"取消订单"按钮时,触发事件函数 delete_orders_act,在该函数中,将根据传入的订单 id 值,删除对应的订单数据。

19.1.3　全局状态和方法

打开本项目 src\store 目录下的 shopStore 文件,其中,用于显示用户信息和管理订单的全局状态和方法如下列代码所示。

```
import { defineStore } from "pinia";
export const shopStore = defineStore("shop_id", {
    state: () => {
        return {
            userInfo: {},
            orders:[]
        }
    },
    actions: {
            edit_userInfo_act(data) {
            this.userInfo = data;
        }
        delete_orders_act(id) {
            let _index = this.orders.findIndex
            (item => item.id == id);
            this.orders.splice(_index,1);
        },
        //省略其他方法
})
```

在上述代码中,用户在打开本项目首页时,将会调用 edit_userInfo_act()方法,更新全局的用户状态变量 userInfo,以便于后续在用户中心的数据显示。

当用户在"我的订单"页中,单击"取消订单"按钮时,将会传入一个订单的 id 给全局的删除函数 delete_orders_act,该函数将根据传入的 id,在订单数组中查找对应的索引号,并调用数组中的 splice()方法,删除指定索引号的订单记录。

19.2 我的收藏功能

在查看动态列表详情页中,可以收藏某一条动态信息。在浏览商品详细页中,也可以收藏某一件商品。当这些数据被收藏后,在用户的个人中心页就可以通过我的收藏功能,使用选项卡的形式,查看已收藏的各种类型数据,同时还可以取消某一个收藏。

19.2.1 页面效果

在用户中心页中,单击"我的收藏"链接,实现的页面效果如图 19-4 所示。

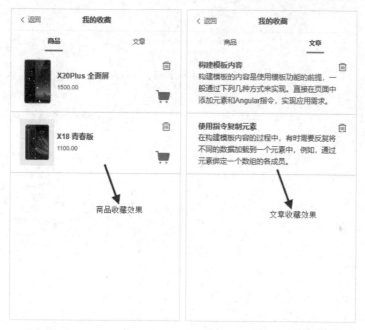

图 19-4 我的收藏页面效果

19.2.2 组件代码

在图 19-3 所示的目录结构下,由名为 RtCollectList 的组件实现我的收藏功能,它实现的代码如代码清单 19-4 所示。

代码清单 19-4 RtCollectList.vue 代码

```
<template>
    <van-nav-bar title="我的收藏" left-text="返回"
    left-arrow @click-left="onClickLeft" />
    <van-tabs v-model:active="active">
        <van-tab title="商品">
            <div class="c-item" v-for="item, key in
            cprods" :key="key">
                <van-image width="100" height="100"
                :src="getProdById(item.id).swiper[0].src" />
```

```html
            <div class="c-info">
                <div class="c-title">
                    <h3>{{ getProdById(item.id).title }}</h3>
                    <p class="price">
                    {{ getProdById(item.id).price }}
                    </p>
                </div>
                <div class="c-dele">
                    <van-icon name="delete-o"
                    class="d-icon" size="23"
                    @click="delCollects(item.id)" />
                    <van-icon name="cart" color="red"
                    class="d-icon d-icon-last" size="35"
                        @click="addCollects(item.id)" />
                </div>
            </div>
        </div>
    </van-tab>
    <van-tab title="文章">
        <div class="c-item" v-for="item, key in cnews"
            :key="key">
            <div class="c-info">
                <div class="c-title">
                  <h3>{{ getNewsById(item.id).title }}</h3>
                    <p class="desc">
                    {{ getNewsById(item.id).desc }}
                    </p>
                </div>
                <div class="c-dele">
                    <van-icon name="delete-o"
                      class="d-icon" size="23"
                      @click="delCollects(item.id)" />
                </div>
            </div>
        </div>
    </van-tab>
    </van-tabs>
</template>
<script>
import data from "@/data/shop"
import { getProdById } from "@/utils/prod";
import { mapState, mapActions } from 'pinia'
import { shopStore } from "@/store/shopStore"
export default {
    data() {
        return {
            active: 0,
            cprods: [],
            cnews: []
        }
    },
    computed: {
```

```
                ...mapState(shopStore, ["collects"]),
        },
      methods: {
            ...mapActions(shopStore, ["add_carts_act",
            "del_collect_act"]),
            onClickLeft() {
                history.back();
            },
            delCollects(id) {
                this.del_collect_act(id);
                if (this.active) {
                    this.cnews = this.collects.filter
                    (item => item.type == 2)
                } else {
                    this.cprods = this.collects.filter
                    (item => item.type == 1);
                }
            },
            addCollects(id) {
                let prod = getProdById(data.prods, id);
                let _prod = {
                    id: prod.id,
                    title: prod.title,
                    num: 1,
                    price: prod.price,
                    img: prod.swiper[0].src
                }
                this.add_carts_act(_prod);
                this.$router.push("/cart")
            },
            getProdById(id) {
                return getProdById(data.prods, id)
            },
            getNewsById(id) {
                return getProdById(data.news, id)
            }
      },
      mounted() {
            this.cprods = this.collects.filter
            (item => item.type == 1);
            this.cnews = this.collects.filter
            (item => item.type == 2)
      }
}
</script>
<style scoped>
.c-item {
    padding: 15px 20px;
    border-bottom: solid 1px #ccc;
    display: flex;
    align-items: center;
}
```

```
.c - item .van - checkbox __ icon {
    margin - right: 10px;
}

.c - info {
    display: flex;
    align - items: center;
    justify - content: space - between;
    width: 100 % ;
    line - height: 25px;
    color: #515151;
    margin - left: 5px;
}

.c - info .c - title h3 {
    font - size: 16px;
}

.c - info .c - title .price {
    font - size: 13px;
    color: red;
}

.c - info .c - title .btns {
    display: flex;
    align - items: center;
}

.c - info .c - title .btns .num {
    padding: 2px 12px;
    font - size: 12px;
}

.c - dele {
    height: 95px;
}

.d - icon {
    display: block;
}

.d - icon - last {
    margin - top: 36px;
    margin - left: - 13px;
}</style>
```

在上述代码中,先从全局状态数组变量 collects 中过滤出不同类型的数据,如果 type 值为 1 表示商品数据,过滤后保存到变量 cprods 中;如果 type 值为 2 表示动态数据,过滤后保存到变量 cnews 中。这两个过滤后的变量值将作为选项卡的数据源。

在遍历保存商品信息的收藏数组 cprods 时,由于商品收藏列表仅保存了商品的 id,如果想获取商品的其他信息,则需要再调用函数 getProdById,由该函数通过传入的商品的 id

获取商品的信息,该函数的代码在之前章节中已列出,在此不再赘述。

在商品收藏列表中,可以删除收藏或将收藏加入购物车中。当用户单击"删除"按钮图标时,将调用函数 delCollects,在该函数中,获取传入的收藏记录 id,调用全局的方法 del_collect_act,删除对应 id 的收藏记录,并再次更新收藏数组 cprods。

在商品收藏列表中,当用户单击"购物车"图标时,将调用函数 addCollects。在该函数中,先通过传入的 id 获取商品的其他信息,再根据购物车数据结构,构建一个相应的产品对象,最后将该对象添加到购物车中,并跳转到购物车页中查看。

在文章收藏列表中,只有一个删除收藏文章的功能,它的实现过程与删除收藏商品基本相同,仅是在删除成功后,将会根据当前选项卡的激活状态,去更新对应的列表数据。

19.2.3 全局状态和方法

打开本项目 src\store 目录下的 shopStore 文件,其中,用于显示"我的收藏"的全局状态和方法代码如下。

```
import { defineStore } from "pinia";
export const shopStore = defineStore("shop_id", {
    state: () => {
        return {
            collects:[]
        }
    },
    actions: {
    del_collect_act(id) {
            let index = this.collects.findIndex
            (item => item.id == id);
            this.collects.splice(index,1);
        },
        //省略其他方法
})
```

在上述代码中,当删除收藏数据时,先查询收藏数组中传入 id 的索引号,再调用数组中的 splice 方法,删除指定索引号的收藏记录,实现取消收藏的功能。

19.3 管理收货地址

当用户确认购物车中商品信息,并提交订单时,需要添加自己的收货地址,收货地址的添加和展示可以通过 Vant 框架中的业务组件 van-address-list 和 van-address-edit 实现,前者用于展示地址信息列表,后者用于增加、编辑和删除地址信息。

19.3.1 页面效果

当首次提交订单时,如果未添加收货地址,则需要用户增加新的收货地址信息,实现的页面效果如图 19-5 所示。

在新建地址页中,录入完成地址信息后,单击"保存"按钮,则自动跳到收货地址页,显示

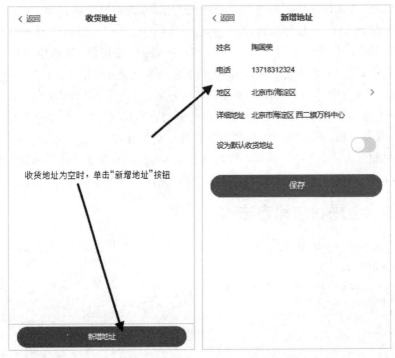

图 19-5　收货地址为空时的效果

新增加的收货地址,也可以编辑该地址数据,实现的页面效果如图 19-6 所示。

图 19-6　编辑收货地址时的效果

19.3.2 组件代码

在图 19-3 所示的目录结构下,子目录 address 文件夹下名为 RtEdit 和 RtList 的组件分别实现收货地址的编辑和显示功能,它们实现的代码分别如代码清单 19-5 和代码清单 19-6 所示。

代码清单 19-5　RtEdit.vue 代码

```html
<template>
    <van-nav-bar :title="!blnEdit ? '新增地址' : '编辑地址'"
     left-text="返回" left-arrow
     @click-left="onClickLeft" />
    <van-address-edit :address-info="editaddressinfo"
     :area-list="areaList" :show-delete="index != -1"
     show-set-default show-search-result :search-result
     ="searchResult" :area-columns-placeholder
     ="['请选择', '请选择', '请选择']"
     @save="onSave"
     @delete="onDelete"
     @change-detail="onChangeDetail" />
</template>
<script>
import { areaList } from '@vant/area-data';
import { mapState, mapActions } from 'pinia'
import { shopStore } from "@/store/shopStore"
export default {
    data() {
        return {
            searchResult: [],
            areaList: areaList,
            editaddressinfo: {},
            blnEdit: false,
            index: -1
        }
    },
    computed: {
        ...mapState(shopStore, ["addressInfo"]),
    },
    mounted() {
        if (this.$route.query.index) {
            this.index = this.$route.query.index;
            this.editaddressinfo =
            this.addressInfo[this.index];
            this.blnEdit = true;
        }
    },
    methods: {
        ...mapActions(shopStore, ["add_addressInfo_act",
        "edit_addressInfo_act", "delete_addressInfo_act"]),
        onSave(info) {
            if (!this.blnEdit) {
                this.add_addressInfo_act(info);
```

```
        } else {
            this.edit_addressInfo_act(this.index, info);
        }
        if (this.$route.query.source) {
            this.$router.push("/pay")
        } else {
            this.$router.push("/addresslist")
        }
    },
    onDelete() {
        this.delete_addressInfo_act(this.index);
        this.$router.push("/addresslist")
    },
    onChangeDetail(val) {
        if (val) {
            this.searchResult = [
                {
                    name: '西二旗万科中心',
                    address: '北京市海淀区',
                },
            ];
        } else {
            this.searchResult = [];
        }
    },
    onClickLeft() {
        history.back();
    }
    }
}
</script>
<style scoped></style>
```

在上述代码中,先定义一个 blnEdit 变量,初始值为 false,表示不是编辑状态。当页面加载完成时,根据传入的地址列表索引号,判断是否处于编辑状态。如果有索引号,表示处于编辑状态,将根据该索引号获取对应的地址信息,并将 blnEdit 变量值设置为 true。

当用户输入完成,单击"保存"按钮时,将触发绑定的 onSave 函数。在该函数中,将根据 blnEdit 变量值,决定是增加还是编辑地址信息。如果该值为 true,表示编辑,那么,调用全局地址状态变量编辑的 edit_addressInfo_act 方法,保存提交的数据。如果 blnEdit 变量的值为 false,那么表示增加,则调用全局地址状态变量增加的 add_addressInfo_act 方法,保存提交的数据。

无论是增加还是编辑地址数据,在选择省市县下拉列表时,必须先导入 areaList 数据,并将该数据绑定到 van-address-edit 的 area-list 属性中,才有省市县联动选择的数据。此外,当用户单击"删除"按钮时,将会传入需要删除的地址列表索引号,并根据该索引号调用全局地址状态变量删除的 delete_addressInfo_act 方法,删除对应的地址信息。

代码清单 19-6 RtList.vue 代码

```html
<template>
    <van-nav-bar title="收货地址" left-text="返回"
    left-arrow @click-left="onClickLeft" />
    <van-address-list v-model="chosenAddressId"
      :list="addressInfo" default-tag-text="默认"
      @add="onAdd" @edit="onEdit" />
</template>
<script>
import { mapState } from 'pinia'
import { shopStore } from "@/store/shopStore"
export default {
    data() {
        return {
            chosenAddressId: "1",
        }
    },
    computed: {
        ...mapState(shopStore, ["addressInfo"]),
    },
    methods: {
        onAdd() {
            if (this.$route.query.source) {
                this.$router.push("/addressedit?source=pay");
            } else {
                this.$router.push("/addressedit")
            }
        },
        onEdit(item, index) {
            console.log(item, index)
            this.$router.push({
                path: "/addressedit",
                query: { index: index }
            })
        },
        onClickLeft() {
            history.back();
        }
    }
}
</script>
<style scoped></style>
```

在上述代码中,相比于编辑地址页面而言,增加地址页面的代码要简单得多,首先获取全局状态的地址列表信息的数组变量 addressInfo,作为 van-address-list 组件 list 属性的值,表示列表的数据源。当用户单击"增加"按钮时,则进入编辑或增加页面中。当用户单击"编辑"图标时,则携带对应的索引号,进入编辑页面中。

19.3.3　全局状态与方法

打开本项目 src\store 目录下的 shopStore 文件,其中,用于显示和管理收货地址的全局状态和方法代码如下。

```
import { defineStore } from "pinia";
export const shopStore = defineStore("shop_id", {
    state: () => {
        return {
            addressInfo: []
        }
    },
    actions: {
        add_addressInfo_act(data) {
            let id = this.addressInfo.length + 1;
            data.id = id;
            data.address = data.country + data.province +
            data.city + data.county +
            data.addressDetail;
            this.addressInfo.push(data);
        },
        edit_addressInfo_act(index, data) {
            this.addressInfo[index] = data;
        },
        delete_addressInfo_act(index) {
            this.addressInfo.splice(index,1);
        },
        //省略其他方法
    })
```

在上述代码中,当用户增加地址信息时,必须将国家省市区县的数据组合后,再保存到地址变量中;当用户编辑地址信息时,将会根据索引号替换对应的数组元素;删除地址信息时,根据传入的索引号,调用数组中的 splice 方法,删除指定索引号的数据。

19.4　生成订单功能

当用户确定购物车商品信息,并单击"提交订单"按钮后,如果未新建收货地址,则添加收货地址,添加后自动使用该收货地址,生成订单,并进入订单结算中心页。如果已经添加了收货地址,则直接使用该收货地址,生成订单后进入订单结算中心页。

19.4.1　页面效果

在购物车中,当单击"提交订单"按钮并选择收货地址后,进入订单结算中心页,确认订单信息,并单击"立即结算"按钮,完成金额支付后,进入支付成功页,便完成了生成订单的全部过程。实现的页面效果如图 19-7 所示。

图 19-7 进入结算中心页并支付成功的效果

19.4.2 组件代码

在 src\components 目录下新建一个名为 pay 的文件夹,该文件夹中保存所有与结算支付相关的组件,它的目录结构如图 19-8 所示。

在图 19-8 所示的目录结构下,RtIndex 是生成订单的组件,用于获取收货地址、购物车信息,并生成订单,它实现的代码如代码清单 19-7 所示。

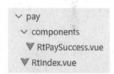

图 19-8 结算支付文件夹下的目录结构

代码清单 19-7 RtIndex.vue 代码

```html
<template>
    <van-nav-bar title="结算中心" left-text="返回"
    left-arrow @click-left="onClickLeft" />
    <div class="address">
        <div class="addr-title">
            <span>{{ addressInfo[0].name }}</span>
            <span>{{ addressInfo[0].tel }}</span>
        </div>
        <div class="addr-info">
            {{ addressInfo[0].address }}
        </div>
    </div>
    <div class="pay-item">
        <div class="title">商品清单</div>
```

```
        < van - card v - for = "item, key in payProd"
            :key = "key" :num = "item.num"
            :price = "item.price" desc = "描述信息"
            :title = "item.title" :thumb = "item.img" />
    </div>
    < div class = "pay - item">
        < div class = "title">订单留言</div>
        < van - cell - group inset >
            < van - field v - model = "message"
            style = "margin - top:10px;border:solid 1px #eee"
            rows = "3" autosize type = "textarea"
            maxlength = "50" placeholder = "请输入留言"
            show - word - limit />
        </van - cell - group >
    </div >
    < van - submit - bar :price = "sumPrice * 100"
        button - text = "立即结算" @submit = "onSubmit">
    </van - submit - bar >
</template >
< script >
import { mapState, mapActions } from 'pinia'
import { shopStore } from "@/store/shopStore"
export default {
    data() {
        return {
            message: "",
            sumPrice: 0
        }
    },
    mounted() {
        this.countSumPrice();
    },
    computed: {
        ...mapState(shopStore, ["carts", "addressInfo"]),
        payProd() {
            return this.carts.filter
            (item => item.checked == true)
        }
    },
    methods: {
        ...mapActions(shopStore, ["add_orders_act"]),
        onClickLeft() {
            history.back();
        },
        countSumPrice() {
            let _sumPrice = 0;
            this.carts.forEach(item => {
                if (item.checked) {
                    _sumPrice += item.num * item.price;
                }
            })
            this.sumPrice = _sumPrice;
        },
```

```
        onSubmit() {
            let _orderInfo = {
                prods: this.payProd,
                mess: this.message,
                sumPrice: this.sumPrice,
                address: {
                    name:this.addressInfo[0].name,
                    tel:this.addressInfo[0].tel,
                    address:this.addressInfo[0].address
                }
            }
            this.add_orders_act(_orderInfo);
            //删除已结算商品
            this.carts.forEach((item, index) => {
                if (item.checked) {
                    this.carts.splice(index, 1);
                }
            })
            this.$router.push("/paysuccess");
        }
    }
}
</script>
<style scoped>
.address {
    color: #515155;
    padding: 16px 20px;
    line-height: 23px;
    background: url('~@/assets/images/
    bg-addr-box-line.png') #fff left bottom repeat-x;
    background-size: 50px;
    margin-bottom: 10px;
}

.address .addr-title {
    font-size: 18px;
}

.address .addr-title span {
    margin-right: 10px;
}

.address .addr-info {
    color: #717171;
    font-size: 15px;
}

.pay-item .title {
    padding: 16px 20px;
    border-bottom: solid 1px #eee;
}
</style>
```

在上述代码中,先从全局状态数据中获取购物车中商品和收货地址信息,并根据商品数据计算总价格,显示在模板元素中。当用户单击"立即结算"按钮时,再将这些数据信息构建成订单数据的结构,并向全局状态管理方法 add_orders_act 传入结构数据,生成订单记录,并删除购物车中已完成支付的商品信息,最后跳转到支付成功页中。

在图 19-8 的目录结构下,RtPaySuccess 是组件用于显示订单支付成功的信息,并提供订单详细查看和返回首页的链接,它实现的代码如代码清单 19-8 所示。

代码清单 19-8　RtPaySuccess 代码

```html
<template>
  <div class = "success">
    <van - icon name = "checked" />
    <h3>支付成功</h3>
    <p>已收到您的订单,请留意
      <router - link to = "/order/0">订单详情</router - link>
      以及
      <router - link to = "/">返回首页</router - link>
      另外祝您生活愉快 感谢您的支持与厚爱
    </p>
  </div>
</template>

<script>
export default {
  name: "PaySuccess"
}
</script>

<style scoped>
.success {
  width: 90%;
  margin: auto;
  text - align: center;
}

.success h3 {
  font - size: 18px;
  margin - top: 16px;
  margin - bottom: 10px;
}

.success i {
  display: block;
  padding - top: 30%;
  font - size: 70px;
  color: #52b838;
}

.success p {
  width: 92%;
  font - size: 13px;
```

```
    margin: auto;
  }

  .success p a {
    color: #1574e3;
  }
}
</style>
```

在上述代码中,使用 van-icon 设置带图标的提示信息,通过 router-link 实现链接信息的显示和跳转功能。

19.4.3 全局状态与方法

打开本项目 src\store 目录下的 shopStore 文件,其中,用于生成订单功能的状态和方法如下列代码所示。

```
import { defineStore } from "pinia";
export const shopStore = defineStore("shop_id", {
    state: () => {
        return {
            carts: [],
            addressInfo: [ ]
        }
    },
    actions: {
        add_orders_act(data){
            let id = 'rt' + this.orders.length + 1;
            data.id = id;
            this.orders.push(data);
        },
        //省略其他方法
})
```

在上述代码中,当调用 add_orders_act 方法生成订单时,为了保证订单的 id 值不重复,由当前订单的总数量加 1 和固定字符组成,形成后,作为 data 的一个属性值,通过 push 方法,添加到保存订单数据的数组变量中。

小结

本章先从个人中心页中我的订单页讲起,介绍我的订单数据的形成和展示,再介绍我的收藏页,阐述管理收藏数据的方法和过程。然后,重点讲解了收货地址的实现方法,包括收货地址的列表展示,增加、编辑和删除收货地址的过程。最后,结合购物车和收货地址的信息,讲述生成订单的方法和展示过程。

图书资源支持

感谢您一直以来对清华版图书的支持和爱护。为了配合本书的使用，本书提供配套的资源，有需求的读者请扫描下方的"书圈"微信公众号二维码，在图书专区下载，也可以拨打电话或发送电子邮件咨询。

如果您在使用本书的过程中遇到了什么问题，或者有相关图书出版计划，也请您发邮件告诉我们，以便我们更好地为您服务。

我们的联系方式：

清华大学出版社计算机与信息分社网站：https://www.shuimushuhui.com/

地　　址：北京市海淀区双清路学研大厦 A 座 714

邮　　编：100084

电　　话：010-83470236　010-83470237

客服邮箱：2301891038@qq.com

QQ：2301891038（请写明您的单位和姓名）

- -

资源下载：关注公众号"书圈"下载配套资源。

资源下载、样书申请

图书案例

书圈

清华计算机学堂

观看课程直播